U0170525

"十四五"时期国家重点出版物出版专项规划项目

现代数学基础丛书 190

# Cauchy-Riemann 方程的 $L^2$ 理论

陈伯勇 著

科学出版社

北京

## 内 容 简 介

本书是关于 Cauchy-Riemann 方程的 $L^2$ 理论及其在多复变和复几何中应用的专著. 全书共 9 章. 第 1 章主要介绍泛函分析和 Sobolev 空间的一些预备知识. 第 2 章从经典的 Dirichlet 原理入手引出平面区域上的 Hörmander 估计. 第 3 章主要介绍一般拟凸域上的 Hörmander 估计, 着重指出与一维情形的本质区别. 第 4 章主要介绍 Hörmander 估计在构造全纯函数以及在研究多次调和函数奇性中的应用. 第 5 章主要介绍 Hörmander 估计的一些变形. 第 6 章主要介绍拟凸域上的 Ohsawa-Takegoshi 延拓定理及其在研究多次调和函数奇性中的应用. 第 7 章主要介绍 Kähler 流形和 Hermitian 线丛的基本知识, 以及全纯线丛的奇异 Hermitian 度量的光滑逼近. 第 8 章主要介绍完备 Kähler 流形上相应于全纯线丛的奇异 Hermitian 度量的 $L^2$ 估计. 第 9 章主要介绍完备 Kähler 流形上的 $L^2$ 延拓定理及其主要应用, 即萧荫堂的多亏格形变不变性定理的证明.

本书内容属于多复变和复几何交叉学科领域. 它既可作为多复变和复几何方向的研究生教材或参考书, 也可供相关领域的科研工作者参考.

**图书在版编目(CIP)数据**

Cauchy-Riemann 方程的 $L^2$ 理论/陈伯勇著. —北京: 科学出版社, 2022.3
(现代数学基础丛书; 190)
ISBN 978-7-03-071497-8

Ⅰ. ①C... Ⅱ. ①陈... Ⅲ. ①柯西-黎曼方程 Ⅳ. ①O175.25

中国版本图书馆 CIP 数据核字(2022) 第 026379 号

责任编辑: 李静科 李 萍/责任校对: 彭珍珍
责任印制: 赵 博/封面设计: 陈 敬

**科学出版社** 出版
北京东黄城根北街 16 号
邮政编码: 100717
http://www.sciencep.com

北京中石油彩色印刷有限责任公司印刷
科学出版社发行 各地新华书店经销
*
2022 年 3 月第 一 版 开本: 720×1000 1/16
2025 年 1 月第三次印刷 印张: 10 1/4
字数: 192 000
**定价: 78.00 元**
(如有印装质量问题, 我社负责调换)

# 《现代数学基础丛书》序

对于数学研究与培养青年数学人才而言，书籍与期刊起着特殊重要的作用．许多成就卓越的数学家在青年时代都曾钻研或参考过一些优秀书籍，从中汲取营养，获得教益．

20 世纪 70 年代后期，我国的数学研究与数学书刊的出版由于"文化大革命"的浩劫已经破坏与中断了 10 余年，而在这期间国际上数学研究却在迅猛地发展着．1978 年以后，我国青年学子重新获得了学习、钻研与深造的机会．当时他们的参考书籍大多还是 50 年代甚至更早期的著述．据此，科学出版社陆续推出了多套数学丛书，其中《纯粹数学与应用数学专著》丛书与《现代数学基础丛书》更为突出，前者出版约 40 卷，后者则逾 80 卷．它们质量甚高，影响颇大，对我国数学研究、交流与人才培养发挥了显著效用．

《现代数学基础丛书》的宗旨是面向大学数学专业的高年级学生、研究生以及青年学者，针对一些重要的数学领域与研究方向，作较系统的介绍．既注意该领域的基础知识，又反映其新发展，力求深入浅出，简明扼要，注重创新．

近年来，数学在各门科学、高新技术、经济、管理等方面取得了更加广泛与深入的应用，还形成了一些交叉学科．我们希望这套丛书的内容由基础数学拓展到应用数学、计算数学以及数学交叉学科的各个领域．

这套丛书得到了许多数学家长期的大力支持，编辑人员也为其付出了艰辛的劳动．它获得了广大读者的喜爱．我们诚挚地希望大家更加关心与支持它的发展，使它越办越好，为我国数学研究与教育水平的进一步提高做出贡献．

杨 乐

2003 年 8 月

# 前　言

老子说, 天下莫柔弱于水, 而攻坚强者莫之能胜, 以其无以易之. Cauchy-Riemann 方程 (简称 $\bar{\partial}$-方程) 的 $L^2$ 理论把多复变中的核心概念: $\bar{\partial}$-方程、拟凸性以及多次调和函数, 联系在一起, 使得其具有水一样的包容性, 然而却能用于解决复分析和复几何中一些特别困难的问题. 自从 Hörmander 的经典论文 [19] 以及名著 [20] 问世以来, 一些与 $\bar{\partial}$-方程的 $L^2$ 理论相关的优秀讲义或专著陆续出现, 例如文献 [2, 4, 5, 13, 14, 16, 27, 28] 等. 这些文献都采用了 Hörmander 原始的方法, 其基于泛函分析中关于稠定闭线性算子的一些基本定理.

作者于 2018 年在复旦大学数学科学学院为研究生讲授了一个学期的 "$\bar{\partial}$-方程的 $L^2$ 理论". 我们要求听课的学生具备实变函数、多复变函数、泛函分析、微分几何、偏微分方程等方面的预备知识. 本书是在授课讲义的基础上整理编写而成的. 我们的基本观点是将 $\bar{\partial}$-方程的 $L^2$ 理论看成经典的 Dirichlet 原理的一个延伸, 先在区域或是复流形的一列穷竭子区域上解 Dirichlet 条件的 Laplace-Beltrami 方程, 然后用这些解去逼近整个区域或复流形上 $\bar{\partial}$-方程的解; 在这个关键的逼近过程中拟凸性或完备 Kähler 条件起了至关重要的作用. 这一想法取自作者与吴菊杰、王煦合作的论文 [8], 其源头可追溯至 Hodge 的正交分解定理. 这样处理的一个好处是, 对泛函分析我们只要求掌握 Hilbert 空间的 Riesz 表示定理以及 $L^2$ 空间情形的 Banach-Alaoglu 定理.

本书主要分为两部分: 拟凸域上的 $L^2$ 理论以及完备 Kähler 流形上的 $L^2$ 理论. 对复分析或复几何感兴趣的读者可以选择相应的部分阅读. 本书内容的选取在很大程度上依赖于作者的兴趣, 一些重要的内容, 例如 Kohn 关于 $\bar{\partial}$-Neumann 算子的正则性理论等未能包含在内, 感兴趣的读者可以参考文献 [15].

　　作者感谢张锦豪教授、江良英副教授和吴菊杰副教授以及邢旭、郑智源、熊渊朴三位博士在本书编写过程中给予的大量帮助, 特别是熊渊朴补充了插值定理以及部分附录. 他们的宝贵意见也为本书增色不少. 另外, 本书的编写工作得到了国家自然科学基金面上项目 (编号: 11771089) 的资助, 在此一并致谢.

　　由于作者学识所限, 疏漏、不足之处在所难免, 欢迎读者批评指正.

陈伯勇

2021 年 7 月于复旦大学

# 目　　录

# 第 1 章　预 备 知 识

## 1.1　泛函分析基本知识

设 $X$ 是实或复数域 $\mathbb{F}$ 上的一个线性空间, 称 $X$ 上的一个非负实值函数 $\|\cdot\|$ 为范数, 若下列条件满足:

(1) $\|x\| = 0$ 当且仅当 $x = 0$;

(2) $\|cx\| = |c|\|x\|$, $x \in X$, $c \in \mathbb{F}$;

(3) $\|x + y\| \leqslant \|x\| + \|y\|$, $x, y \in \mathbb{F}$.

若 $X$ 相应于距离 $d(x, y) := \|x - y\|$ 是完备的, 则称 $X$ 为一个 Banach 空间.

赋范线性空间 $(X, \|\cdot\|)$ 上的一个连续线性泛函指一个连续线性映射 $f : X \to \mathbb{F}$. 记 $X^*$ 为 $X$ 上的连续线性泛函全体, 其按通常的线性运算及泛函的范数作为范数构成一个赋范线性空间, 称为 $X$ 的共轭空间. 共轭空间总是 Banach 空间. 同样, 我们可以定义 $X$ 的二次共轭空间 $X^{**} := (X^*)^*$. 对于每一个 $x \in X$, 作 $X^*$ 上的泛函 $x^{**}$ 如下:

$$x^{**}(f) = f(x), \quad f \in X^*.$$

我们总有 $\|x^{**}\| = \|x\|$, 使得自然嵌入 $x \mapsto x^{**}$ 给出了一个 $X$ 到其象 $\widehat{X}$ 之间的保范同构. 为了简单起见, 我们把 $X$ 和 $\widehat{X}$ 视为同一, 这样 $X \subset X^{**}$. 如果 $X = X^{**}$, 则称 $X$ 为自反的.

一个非常重要的自反空间的例子是 $L^p$ 空间, 其中 $1 < p < \infty$. 设 $\Omega$ 为 $\mathbb{R}^n$ 中的一个区域, 那么

$$L^p(\Omega) := \left\{ u : u \text{ 在 } \Omega \text{ 上可测且满足 } \|u\|_p^p := \int_\Omega |u|^p < \infty \right\}$$

为一个 Banach 空间 (在本书第 1—6 章, 积分均指 Lebesgue 积分, 为简单起见我们略去微元). 由于 $(L^p(\Omega))^* = L^q(\Omega)$, 其中 $\dfrac{1}{p} + \dfrac{1}{q} = 1$, 故 $L^p(\Omega)$ 在 $1 < p < \infty$ 时是自反的.

设 $X$ 为一个赋范空间, $\{x_j\} \subset X$, 若存在 $x \in X$, 使得

$$\lim_{j \to \infty} f(x_j) = f(x), \quad \forall f \in X^*,$$

则称 $x_j$ 弱收敛于 $x$. 弱收敛的一个基本性质是

$$\|x\| \leqslant \liminf_{j \to \infty} \|x_j\|.$$

**定理 1.1.1**(Banach-Alaoglu)　设 $X$ 是一个自反的 Banach 空间, 那么 $X$ 中的任意有界点列必有一个弱收敛子列.

若赋范空间 $X$ 的范数满足下面的平行四边形公式

$$\|x + y\|^2 + \|x - y\|^2 = 2(\|x\|^2 + \|y\|^2), \quad x, y \in X,$$

那么在 $X$ 上必定存在一个内积 $(\cdot, \cdot) : X \times X \to \mathbb{F}$, 使得

(1) 对任意 $y \in X$, $(\cdot, y)$ 为 $X$ 上一个线性函数;

(2) $(x, y) = \overline{(y, x)}$, $\forall x, y \in X$;

(3) $(x, x) = \|x\|^2$, $\forall x \in X$.

此时称 $X$ 为一个内积空间. 若 $(X, \|\cdot\|)$ 是完备的, 则称其为一个 Hilbert 空间. 一个重要的 Hilbert 空间的例子是 $L^2$ 空间. Hilbert 空间区别于一般的 Banach 空间的基本性质是下面的正交分解性质: 设 $X_0$ 为 $X$ 的闭子空间, 则对任意的 $x \in X$, 存在唯一的分解

$$x = x_0 + x_1,$$

其中 $x_0 \in X_0$, $x_1 \perp X_0$, 即 $(x_1, y) = 0$, $\forall y \in X_0$.

下面的表示定理是证明偏微分方程解的存在性的基本工具.

**定理 1.1.2**(F. Riesz) 设 $X$ 是一个 Hilbert 空间, $f \in X^*$, 则存在唯一的 $y \in X$, 使得 $\|f\| = \|y\|$ 且

$$f(x) = (x, y), \quad \forall x \in X.$$

设 $X_1, X_2$ 为 Hilbert 空间, $T : X_1 \to X_2$ 为一个有界线性算子, 则存在唯一的有界线性算子 $T^* : X_2 \to X_1$, 使得

$$(Tx, y)_2 = (x, T^*y)_1, \quad x \in X_1, \quad y \in X_2,$$

其中 $(\cdot, \cdot)_1$ 与 $(\cdot, \cdot)_2$ 分别为 $X_1$ 与 $X_2$ 的内积. 我们称 $T^*$ 为 $T$ 的共轭算子或伴随算子.

现设 $T$ 为 $X_1$ 的某个稠密子空间 $\mathcal{D}_1$ 到 $X_2$ 的线性映射 (不一定有界). 假设存在 $X_2$ 的一个稠密子空间 $\mathcal{D}_2$ 以及线性映射 $T^* : \mathcal{D}_2 \to X_1$, 使得

$$(Tx, y)_2 = (x, T^*y)_1, \quad x \in \mathcal{D}_1, \quad y \in \mathcal{D}_2,$$

则称 $T^*$ 为 $T$ 的 (相应于 $\mathcal{D}_1, \mathcal{D}_2$ 的) 形式伴随算子. 在本书中我们往往取 $X_j$, $j = 1, 2$ 为某类 (加权) $L^2$ 空间, 而 $\mathcal{D}_j$ 为其中具有紧支集的 $C^\infty$ 元素所组成的稠密子空间.

## 1.2 Sobolev 空间基本知识

对于多重指标 $\alpha = (\alpha_1, \cdots, \alpha_n)$, 我们采用下面的标准记号:

$$|\alpha| = \alpha_1 + \cdots + \alpha_n, \quad \partial^\alpha = \frac{\partial^{|\alpha|}}{\partial x_1^{\alpha_1} \cdots \partial x_n^{\alpha_n}}.$$

设 $\Omega$ 为 $\mathbb{R}^n$ 中的区域, 记 $C_0^\infty(\Omega)$ 为 $\Omega$ 上具有紧支集的 $C^\infty$ 函数全体. 对于 $u, v \in L^1_{\text{loc}}(\Omega)$ (即 $\Omega$ 上的局部可积函数), 称 $v$ 为 $u$ 的 $\alpha$ 阶广义导数或弱导数, 若

$$\int_\Omega vw = (-1)^{|\alpha|} \int_\Omega u \partial^\alpha w, \quad \forall w \in C_0^\infty(\Omega).$$

此时记 $v = \partial^{\alpha} u$.

设 $1 \leqslant p < \infty$, $k \in \mathbb{Z}^{+}$, 我们在线性空间

$$W^{k,p}(\Omega) := \{u \in L^{p}(\Omega) : \partial^{\alpha} u \in L^{p}(\Omega), \ \forall \alpha, \ |\alpha| \leqslant k\}$$

上引入范数

$$\|u\|_{W^{k,p}} := \left( \sum_{|\alpha| \leqslant k} \int_{\Omega} |\partial^{\alpha} u|^{p} \right)^{1/p},$$

那么 $W^{k,p}(\Omega)$ 构成一个 Banach 空间, 称其为 Sobolev 空间. 注意到 $W^{k,2}(\Omega)$ 为 Hilbert 空间. 与 $L^{p}(\Omega)$ 类似, $W^{k,p}(\Omega)$ ($1 < p < \infty$) 也是自反的.

子空间 $C^{\infty}(\Omega) \cap W^{k,p}(\Omega)$ 在 $W^{k,p}(\Omega)$ 中稠密, 但是一般来说, $C_{0}^{\infty}(\Omega)$ 在 $W^{k,p}(\Omega)$ 中不稠密. 我们记 $W_{0}^{k,p}(\Omega)$ 为 $C_{0}^{\infty}(\Omega)$ 在 $W^{k,p}(\Omega)$ 中的闭包, 则其也是一个 Banach 空间, 而 $W_{0}^{k,2}(\Omega)$ 是一个 Hilbert 空间, 特别地, $W_{0}^{1,2}(\Omega)$ 在本书中起着重要的作用.

我们称一个 Banach 空间 $X_{1}$ 连续地嵌入至另一个 Banach 空间 $X_{2}$ (记作 $X_{1} \hookrightarrow X_{2}$), 若存在一个有界、一对一的线性映射 $\iota : X_{1} \to X_{2}$. Sobolev 空间理论的核心定理是下面的嵌入定理:

**定理 1.2.1**(Sobolev)

$$W_{0}^{k,p}(\Omega) \hookrightarrow \begin{cases} L^{np/(n-kp)}(\Omega), & kp < n, \\ C^{m}(\overline{\Omega}), & 0 \leqslant m < k - n/p. \end{cases}$$

记 $\partial_{i}$ 为对应于 $\partial/\partial x_{i}$ 的弱导数. 我们考虑下列形式的算子

$$Lu = \partial_{i}(a^{ij}\partial_{j}u + b^{i}u) + c^{i}\partial_{i}u + du, \quad u \in W_{\text{loc}}^{1,2}(\Omega),$$

其中 $a^{ij}, b^{i}$ 为 $\Omega$ 上的可微函数, $c^{i}, d$ 为 $\Omega$ 上的局部有界的可测函数. 设 $v \in L^{2}(\Omega)$. 称 $u \in W^{1,2}(\Omega)$ 为方程 $Lu = v$ 的一个广义解或弱解, 若

$$\int_{\Omega} \left[ (a^{ij}\partial_{j}u + b^{i}u)\partial_{i}w - (c^{i}\partial_{i}u + du)w \right] = -\int_{\Omega} vw, \quad \forall w \in C_{0}^{\infty}(\Omega).$$

类似地, 我们可以定义方程组的弱解.

若算子 $L$ 的系数矩阵 $(a^{ij})$ (在 $\Omega$ 中的每点) 是正定的, 那么称 $L$ 为椭圆的. 若进一步假设 $(a^{ij})$ 的最大特征值与最小特征值之比有界, 那么称 $L$ 为一致椭圆的.

# 第 2 章　平面区域上 $\bar{\partial}$-方程的 $L^2$ 估计

## 2.1　Dirichlet 原理

设 $\Omega$ 为 $\mathbb{C} = \mathbb{R}^2$ 中的有界区域, 我们考虑下面的广义 Dirichlet 问题: 对于给定的 $g \in W^{1,2}(\Omega)$, 寻找 $\Omega$ 上的调和函数 $u_0$, 使得 $u_0 - g \in W_0^{1,2}(\Omega)$.

记 $\mathcal{S}_g = \{u \in W^{1,2}(\Omega) : u - g \in W_0^{1,2}(\Omega)\}$ 以及 $D(u) = \displaystyle\int_\Omega |\nabla u|^2$.

**定理 2.1.1**(Dirichlet 原理[10,11])　*存在 $u_0 \in \mathcal{S}_g$, 使得*

$$D(u_0) = \min_{u \in \mathcal{S}_g} D(u),$$

*而且 $u_0$ 在 $\Omega$ 上是调和的.*

**证明**　记 $d = \inf_{u \in \mathcal{S}_g} D(u)$. 我们可取一列 $\{u_j\} \subset \mathcal{S}_g$, 使得 $D(u_j) \to d$. 由于

$$D(u_j - u_k) = 2D(u_j) + 2D(u_k) - 4D\left(\frac{u_j + u_k}{2}\right),$$

以及

$$d \leqslant D\left(\frac{u_j + u_k}{2}\right) \leqslant \frac{1}{2}\left[D(u_j) + D(u_k)\right],$$

故而

$$\lim_{j,k \to \infty} D(u_j - u_k) = 0. \tag{2.1}$$

先假设已经证明了下面的 Poincaré 不等式

$$\|u\|_{L^2} \leqslant C\|\nabla u\|_{L^2}, \quad u \in W_0^{1,2}(\Omega), \tag{2.2}$$

其中常数 $C$ 仅依赖于 $\Omega$ 的直径 $\operatorname{diam}\Omega$. 由于 $u_j-u_k = u_j-g-(u_k-g) \in W_0^{1,2}(\Omega)$, 因此从 (2.1) 以及 (2.2) 可以推出 $\lim_{j,k\to\infty} \|u_j-u_k\|_{L^2} = 0$. 从而 $\{u_j\}$ 为 $W^{1,2}(\Omega)$ 中的一个 Cauchy 列. 由 $W^{1,2}(\Omega)$ 的完备性可知 $u_j$ 按照 $\|\cdot\|_{W^{1,2}}$ 收敛于某个 $u_0$, 使得 $D(u_0) = d$. 由于 $g+W_0^{1,2}(\Omega) \subset W^{1,2}(\Omega)$ 为闭子集且 $\{u_j\} \subset g+W_0^{1,2}(\Omega)$, 故 $u_0 \in g+W_0^{1,2}(\Omega)$.

对于任意 $w \in W_0^{1,2}(\Omega)$ 以及 $t \in \mathbb{R}$, 我们有 $u_0+tw \in \mathcal{S}_g$, 故而

$$D(u_0) \leqslant D(u_0+tw) = D(u_0) + 2t\int_\Omega \nabla u_0 \cdot \nabla w + t^2 D(w).$$

于是

$$\int_\Omega \nabla u_0 \cdot \nabla w = 0, \quad \forall\, w \in W_0^{1,2}(\Omega),$$

即 $\Delta u = 0$ 在分布意义下成立. 由 Weyl 引理可知, $u_0$ 几乎处处等于 $\Omega$ 上的一个调和函数.

最后, 我们来证明 (2.2). 不妨设 $0 \in \Omega$ 以及 $u \in C_0^\infty(\Omega)$. 对任意 $\psi \in C^2(\Omega)$, 由分部积分可得

$$\int_\Omega u^2 \Delta\psi = -\int_\Omega \nabla u^2 \cdot \nabla\psi = -2\int_\Omega u\nabla u \cdot \nabla\psi$$
$$\leqslant \int_\Omega |\nabla u|^2 + \int_\Omega |u|^2 |\nabla\psi|^2.$$

我们只需选取 $\psi$ 使得 $\Delta\psi - |\nabla\psi|^2 \geqslant C > 0$, 例如可取 $\psi(x,y) = (x^2+y^2)/(2\operatorname{diam}\Omega)^2$. $\square$

Dirichlet 原理可以用来解经典的 Dirichlet 问题.

**定理 2.1.2**  假设 $\partial\Omega$ 由有限条 Jordan 曲线构成. 那么对于任意一个 $\partial\Omega$ 上的连续函数 $g$ 存在一个在 $\Omega$ 内调和且在 $\overline{\Omega}$ 上连续的函数 $u_0$, 使得 $u_0|_{\partial\Omega} = g$.

我们先来证明下面的边界 Poincaré 不等式. 记 $\Delta(a,\delta)$ 为以 $a$ 为圆心、$\delta$ 为半径的圆盘.

**引理 2.1.3**　对于任意正数 $\delta \ll 1$, $a \in \partial\Omega$ 以及 $u \in W_0^{1,2}(\Omega)$, 我们有

$$\int_{\Delta(a,\delta)} |u|^2 \leqslant 4\pi^2\delta^2 \int_{\Delta(a,\delta)} |\nabla u|^2. \tag{2.3}$$

这里我们将 $u$ 在 $\Omega$ 外作零延拓.

**证明**　不妨设 $u \in C_0^\infty(\Omega)$. 对于每个 $0 < r < \delta \ll 1$ 有 $\partial\Delta(a,r) \cap \partial\Omega \neq \varnothing$, 即存在 $\theta_r \in \mathbb{R}$ 使得 $u(a + re^{i\theta_r}) = 0$. 由 Cauchy-Schwarz 不等式可知

$$|u(a+re^{i\theta})|^2 = \left| \int_{\theta_r}^{\theta} \frac{\partial u(a+re^{it})}{\partial t} dt \right|^2 \leqslant 2\pi \int_0^{2\pi} \left| \frac{\partial u(a+re^{it})}{\partial t} \right|^2 dt.$$

两边关于 $\theta \in [0, 2\pi)$ 积分得

$$\int_0^{2\pi} |u(a+re^{i\theta})|^2 d\theta \leqslant 4\pi^2 \int_0^{2\pi} \left| \frac{\partial u(a+re^{i\theta})}{\partial \theta} \right|^2 d\theta.$$

令 $z = a + re^{i\theta} = x + iy$. 由于

$$\frac{\partial u}{\partial r} = \frac{\partial u}{\partial x}\cos\theta + \frac{\partial u}{\partial y}\sin\theta, \quad \frac{\partial u}{\partial \theta} = -r\frac{\partial u}{\partial x}\sin\theta + r\frac{\partial u}{\partial y}\cos\theta,$$

因此有

$$|\nabla u|^2 = \left|\frac{\partial u}{\partial r}\right|^2 + \frac{1}{r^2}\left|\frac{\partial u}{\partial \theta}\right|^2.$$

于是

$$\int_0^{2\pi} |u(a+re^{i\theta})|^2 d\theta \leqslant 4\pi^2\delta^2 \int_0^{2\pi} |\nabla u|^2(a+re^{i\theta}) d\theta.$$

两边乘以 $rdr$ 再积分即得 (2.3).　　　　　　　　　　　　　　　　□

**定理 2.1.2 的证明**　第一步. 首先假设 $g \in C^1(\overline{\Omega})$. 对任意 $\varepsilon > 0$ 存在 $\delta_0 > 0$ 使得

$$|g(z) - g(w)| < \varepsilon, \quad \forall z, w \in \overline{\Omega}, \quad |z - w| < \delta_0.$$

固定 $z \in \Omega$ 并取 $\delta = d(z, \partial\Omega)$. 设 $u_0$ 如定理 2.1.1 所取. 则由均值性质可得

$$u_0(z) - g(z) = \frac{1}{\pi\delta^2} \int_{\Delta(z,\delta)} (u_0 - g(z))$$

$$= \frac{1}{\pi\delta^2} \int_{\Delta(z,\delta)} (u_0 - g) + \frac{1}{\pi\delta^2} \int_{\Delta(z,\delta)} (g - g(z)).$$

当 $\delta < \delta_0$ 时, 上面第二个等式右边第二项的模 $\leqslant \varepsilon$. 另一方面, 从 Cauchy-Schwarz 不等式可知

$$\left| \int_{\Delta(z,\delta)} (u_0 - g) \right|^2 \leqslant \pi\delta^2 \int_{\Delta(z,\delta)} |u_0 - g|^2.$$

取 $a \in \partial\Omega$ 使得 $\delta = |z - a|$. 由于 $\Delta(z,\delta) \subset \Delta(a,2\delta)$ 以及 $u_0 - g \in W_0^{1,2}(\Omega)$, 故从引理 2.1.3 可以推出

$$\int_{\Delta(z,\delta)} |u_0 - g|^2 \leqslant \int_{\Delta(a,2\delta)} |u_0 - g|^2 \leqslant 16\pi^2\delta^2 \int_{\Delta(a,2\delta)} |\nabla(u_0 - g)|^2.$$

于是

$$|u_0(z) - g(z)| \leqslant 4\sqrt{\pi} \left( \int_{\Delta(a,2\delta)} |\nabla(u_0 - g)|^2 \right)^{\frac{1}{2}} + \varepsilon.$$

由于 $u_0 - g \in W_0^{1,2}(\Omega)$, 故由积分绝对连续性以及 $g$ 的连续性可知 $u_0 \in C(\overline{\Omega})$ 且满足 $u_0|_{\partial\Omega} = g$.

第二步. 对于一般的 $g \in C(\partial\Omega)$, 我们首先将 $g$ 延拓为 $\mathbb{C}$ 上的一个连续函数然后再取一列 $\{g_j\} \subset C^1(\overline{\Omega})$, 使得 $g_j$ 在 $\overline{\Omega}$ 上一致收敛于 $g$. 记 $u_j$ 为第一步中将 $g$ 用 $g_j$ 代替而得到的调和函数. 由最大值原理可知

$$\max_{\overline{\Omega}} |u_j - u_k| \leqslant \max_{\partial\Omega} |g_j - g_k|.$$

于是 $u_j$ 在 $\overline{\Omega}$ 上一致收敛于一个连续函数 $u_0$. 由 Harnack 定理可知 $u_0$ 为 $\Omega$ 上的调和函数而且显然有 $u_0|_{\partial\Omega} = g$.  $\square$

尽管 Dirichlet 原理并不是解决 Dirichlet 问题的最简单的方法 (例如 Perron 方法更为初等), 然而其有着深远的历史意义. Riemann 函数论的基石是下面的原理: 假设 $\Omega$ 由有限条 Jordan 曲线构成, $g$ 为 $\partial\Omega$ 上一个连续函数. 那么函数类

$$\{u \in C(\overline{\Omega}) : u|_{\partial\Omega} = g,\ u \text{ 在 } \Omega \text{ 上分片可微且有 } D(u) < \infty\}$$

中 $D(u)$ 的最小值总可以在某个 $u_0$ 达到而且其在 $\Omega$ 上调和. Riemann 称这个原理为 Dirichlet 原理. 然而 Weierstrass 在 1869 年发表了一些著名的例子表明在实一维情形一个类似的变分问题的最小值不一定能达到. 这样就意味着 Dirichlet 原理是不可靠的. 而 Hadamard 更是直接给出了 Dirichlet 原理的一个反例. 由于 Weierstrass 的批评, Dirichlet 原理在相当长的一个时期内不受重视, Schwarz 和 Neumann 找到了其他的方法来取代 Dirichlet 原理作为 Riemann 函数论的基石. 但是在 1900 年, Hilbert 给出了 Dirichlet 原理的一个正确阐述 (即定理 2.1.1). 自此以后, Dirichlet 原理重新成为分析中最强有力的工具之一.

## 2.2　Poisson 方程

**定理 2.2.1**　设 $v \in L^2(\Omega)$, 那么 Poisson 方程 $-\Delta u = v$ 总存在一个弱解 $u \in W_0^{1,2}(\Omega)$, 使得

$$\|u\|_{W^{1,2}} \leqslant C\|v\|_{L^2},$$

其中常数 $C$ 仅依赖于 $\operatorname{diam}\Omega$. 若进一步假设 $v \in C^\infty(\Omega)$, 那么 $u$ 也是 $C^\infty$ 的.

**证明**　由 Poincaré 不等式可得

$$\|\nabla w\|_{L^2} \leqslant \|w\|_{W^{1,2}} \leqslant C\|\nabla w\|_{L^2}, \quad \forall w \in W_0^{1,2}(\Omega).$$

这里我们用记号 $C$ 表示任意一个仅依赖于 $\operatorname{diam}\Omega$ 的常数. 故而 $W_0^{1,2}(\Omega)$ 相应于范数 $\|\nabla \cdot\|_{L^2}$ 也是一个 Hilbert 空间, 其上的内积为

$$\int_\Omega \nabla w_1 \cdot \nabla w_2, \quad w_1, w_2 \in W_0^{1,2}(\Omega).$$

由 Cauchy-Schwarz 不等式可得

$$\left| \int_\Omega v \cdot w \right| \leqslant \|v\|_{L^2} \|w\|_{L^2} \leqslant C\|v\|_{L^2} \|\nabla w\|_{L^2},$$

即 $w \mapsto \int_\Omega v \cdot w$ 为 $(W_0^{1,2}(\Omega), \|\nabla \cdot \|_{L^2})$ 上的一个有界线性泛函, 而且其范数不超过 $C\|v\|_{L^2}$. 应用 Riesz 表示定理可得唯一的 $u \in W_0^{1,2}(\Omega)$, 使得

$$\int_\Omega \nabla u \cdot \nabla w = \int_\Omega v \cdot w, \quad \forall w \in C_0^\infty(\Omega), \tag{2.4}$$

且满足

$$\|\nabla u\|_{L^2} \leqslant C\|v\|_{L^2}.$$

接下来假设 $v \in C^\infty(\Omega)$. 设 $U$ 为 $\Omega$ 中任意给定的一个相对紧的区域. 取 $\chi \in C_0^\infty(\Omega)$ 使得 $\chi|_U = 1$. 那么不难验证函数

$$\widehat{u}(z) := -\frac{1}{2\pi} \int_\Omega \chi v \cdot \log|z - \cdot|$$

为 $\Omega$ 上的 $C^\infty$ 函数且满足 $-\Delta\widehat{u} = v$ 于 $U$. 于是 $\Delta(u - \widehat{u}) = 0$ 于 $U$, 即 $u - \widehat{u}$ 在 $U$ 上调和 (Weyl 引理). 从而 $u \in C^\infty(U)$. $\qquad\square$

由于 $\Delta = 4\partial^2/\partial z \partial\bar{z}$, 因此若取 $w \in W_0^{1,2}(\Omega)$ 为定理 2.2.1 中的解, 那么 $u := -4\partial w/\partial z$ 即为 Cauchy-Riemann 方程 ($\bar{\partial}$-方程 )

$$\partial u/\partial\bar{z} = v$$

的一个弱解, 使得

$$\|u\|_{L^2} \leqslant C\|v\|_{L^2}.$$

若进一步假设 $v$ 是 $C^\infty$ 的, 那么 $u$ 也是 $C^\infty$ 的. 我们注意到, 先求弱解再验证其为经典意义下的解的思想事实上就是 Dirichlet 原理的延伸.

记 $\partial_z := \partial/\partial z$ 以及 $\partial_{\bar{z}} := \partial/\partial\bar{z}$. 令 $\partial_{\bar{z}}^*$ 为 $\partial_{\bar{z}}$ 的相应于内积 $\int_\Omega u\bar{v}$ 的形式伴随算子. 接下来我们考虑的均为复值函数. 对于 $w_1 \in C^1(\Omega)$

以及 $w_2 \in C_0^\infty(\Omega)$, 有

$$\int_\Omega w_1 \cdot \overline{\partial_{\bar{z}} w_2} = -\int_\Omega \partial_z w_1 \cdot \overline{w_2},$$

即 $\partial_{\bar{z}}^* w_1 = -\partial_z w_1$. 这样, 上面 $\bar{\partial}$-方程的解可以重新写为 $u = 4\partial_{\bar{z}}^* w$.

## 2.3 Hörmander 估计 (一维情形)

2.2 节得到的 $\bar{\partial}$-方程的 $L^2$ 估计有两方面的不足: 其一是不够精确, 其二是在应用上有比较大的限制. 为此我们转而考虑加权 $L^2$ 估计. 设 $\Omega$ 为 $\mathbb{C}$ 中一个有界区域, $\varphi \in C^2(\overline{\Omega})$ 为一个实值函数. 对于 $f, g \in C_0^\infty(\Omega)$, 定义

$$\langle f, g \rangle_\varphi := \int_\Omega f\bar{g}e^{-\varphi}, \quad \|f\|_\varphi := \sqrt{\langle f, f\rangle_\varphi}.$$

记 $(\partial_{\bar{z}})_\varphi^*$ 为 $\partial_{\bar{z}}$ 的相应于 $\langle \cdot, \cdot \rangle_\varphi$ 的形式伴随算子. 从下面的分部积分

$$\int_\Omega f \,\overline{\frac{\partial g}{\partial \bar{z}}}\, e^{-\varphi} = -\int_\Omega \frac{\partial(e^{-\varphi}f)}{\partial z}\, \bar{g}, \quad f \in C^1(\Omega), \quad g \in C_0^\infty(\Omega)$$

可以推出

$$(\partial_{\bar{z}})_\varphi^* f = -e^\varphi \frac{\partial(e^{-\varphi}f)}{\partial z} = -\frac{\partial f}{\partial z} + f\frac{\partial \varphi}{\partial z}.$$

我们希望模仿 2.2 节的方法寻找 $w \in W_0^{1,2}(\Omega)$, 使得 $u := (\partial_{\bar{z}})_\varphi^* w$ 成为 $\bar{\partial}$-方程的一个弱解, 且满足相应的加权 $L^2$ 估计. 对于 $f \in C_0^\infty(\Omega)$, 令

$$\Box_\varphi f := \partial_{\bar{z}}(\partial_{\bar{z}})_\varphi^* f = -f_{z\bar{z}} + f_{\bar{z}}\,\varphi_z + f\varphi_{z\bar{z}}.$$

这里为简单起见, 我们记 $u_z = \partial u/\partial z$, $u_{\bar{z}} = \partial u/\partial \bar{z}$, $u_{z\bar{z}} = \partial^2 u/\partial z\partial \bar{z}$, 依此类推. 于是

$$\begin{aligned}
\langle \Box_\varphi f, f\rangle_\varphi &= -\int_\Omega f_{z\bar{z}}\,\bar{f}\,e^{-\varphi} + \int_\Omega f_{\bar{z}}\,\varphi_z\,\bar{f}\,e^{-\varphi} + \int_\Omega \varphi_{z\bar{z}}\,|f|^2 e^{-\varphi} \\
&= \int_\Omega |f_{\bar{z}}|^2 e^{-\varphi} + \int_\Omega \varphi_{z\bar{z}}\,|f|^2 e^{-\varphi},
\end{aligned} \tag{2.5}$$

其中第二个等式从分部积分推出. 特别地, 我们有下面的先验估计

$$\|(\partial_{\bar{z}})_{\varphi}^* f\|_{\varphi}^2 = \langle \Box_{\varphi} f, f \rangle_{\varphi} \geqslant \int_{\Omega} \varphi_{z\bar{z}} |f|^2 e^{-\varphi}. \tag{2.6}$$

当 $\varphi$ 在 $\overline{\Omega}$ 上强次调和时, 我们从 (2.5) 可以推出

$$\|f\|_{L^2}^2 + \|f_{\bar{z}}\|_{L^2}^2 \lesssim \|(\partial_{\bar{z}})_{\varphi}^* f\|_{\varphi}^2,$$

其中隐含的常数可能依赖于 $\varphi$ 但不依赖于 $f$. 由于

$$\|f_{\bar{z}}\|_{L^2}^2 = -\int_{\Omega} f_{z\bar{z}} \bar{f} = \|f_z\|_{L^2}^2,$$

故而

$$\|f\|_{W^{1,2}} \lesssim \|(\partial_{\bar{z}})_{\varphi}^* f\|_{\varphi}.$$

另一方面, 反向不等式显然成立. 于是 $\|(\partial_{\bar{z}})_{\varphi}^* \cdot \|_{\varphi}$ 成为 $W_0^{1,2}(\Omega)$ 上与 $\|\cdot\|_{W^{1,2}}$ 等价的一个范数, 而相应的内积为

$$\int_{\Omega} (\partial_{\bar{z}})_{\varphi}^* w_1 \cdot \overline{(\partial_{\bar{z}})_{\varphi}^* w_2}, \quad w_1, w_2 \in W_0^{1,2}(\Omega).$$

设 $v \in L^2(\Omega)$. 由于

$$|\langle v, f \rangle_{\varphi}|^2 \leqslant \int_{\Omega} (e^{-\varphi}|v|^2/\varphi_{z\bar{z}}) \int_{\Omega} e^{-\varphi}|f|^2 \varphi_{z\bar{z}}$$

$$\leqslant \int_{\Omega} (e^{-\varphi}|v|^2/\varphi_{z\bar{z}}) \|(\partial_{\bar{z}})_{\varphi}^* f\|_{\varphi}^2,$$

所以由 Riesz 表示定理可知, 存在唯一的 $w \in W_0^{1,2}(\Omega)$, 使得

$$\langle (\partial_{\bar{z}})_{\varphi}^* w, (\partial_{\bar{z}})_{\varphi}^* f \rangle_{\varphi} = \langle v, f \rangle_{\varphi}, \quad \forall f \in C_0^{\infty}(\Omega),$$

且有

$$\|(\partial_{\bar{z}})_{\varphi}^* w\|_{\varphi}^2 \leqslant \int_{\Omega} e^{-\varphi}|v|^2/\varphi_{z\bar{z}}.$$

这意味着 $u := (\partial_{\bar{z}})^*_\varphi w$ 为方程 $\partial_{\bar{z}}u = v$ 的一个弱解且满足估计

$$\int_\Omega |u|^2 e^{-\varphi} \leqslant \int_\Omega e^{-\varphi}|v|^2/\varphi_{z\bar{z}}.$$

事实上, 我们可以得到下面更为广泛的结论.

**定理 2.3.1**(Hörmander)　设 $\Omega$ 为 $\mathbb{C}$ 中一个区域, $\varphi$ 为 $\Omega$ 上一个强次调和函数. 设 $v$ 为 $\Omega$ 上一个可测函数且满足

$$\int_\Omega e^{-\varphi}|v|^2/\varphi_{z\bar{z}} < \infty.$$

那么方程 $\partial_{\bar{z}}u = v$ 在分布意义下存在解 $u$, 使得

$$\int_\Omega |u|^2 e^{-\varphi} \leqslant \int_\Omega e^{-\varphi}|v|^2/\varphi_{z\bar{z}}. \tag{2.7}$$

**证明**　取有界开集列 $\Omega_1 \subset\subset \Omega_2 \subset\subset \cdots$, 使得 $\Omega = \bigcup \Omega_j$. 由前面的讨论可知对于每个 $j$, $\partial_{\bar{z}}u = v$ 在 $\Omega_j$ 上存在一个弱解 $u_j$, 使得

$$\int_{\Omega_j} |u_j|^2 e^{-\varphi} \leqslant \int_{\Omega_j} e^{-\varphi}|v|^2/\varphi_{z\bar{z}} \leqslant \int_\Omega e^{-\varphi}|v|^2/\varphi_{z\bar{z}}.$$

由 Banach-Alaoglu 定理可知, 存在子列 $\{u_{j_k}\}$ 使得 $u_{j_k}$ 在 $L^2_{\mathrm{loc}}(\Omega)$ 中弱收敛于某个 $u$. 于是对于任意 $f \in C^\infty_0(\Omega)$, 有

$$\lim_{k\to\infty} \int_\Omega u_{j_k} \overline{(\partial_{\bar{z}})^*_\varphi f} \, e^{-\varphi} = \int_\Omega u \overline{(\partial_{\bar{z}})^*_\varphi f} \, e^{-\varphi}.$$

由于当 $k$ 充分大时成立

$$\int_\Omega u_{j_k} \overline{(\partial_{\bar{z}})^*_\varphi f} \, e^{-\varphi} = \int_\Omega v\bar{f}e^{-\varphi},$$

故而

$$\int_\Omega u \overline{(\partial_{\bar{z}})^*_\varphi f} \, e^{-\varphi} = \int_\Omega v\bar{f}e^{-\varphi}, \quad \forall f \in C^\infty_0(\Omega),$$

即 $\partial_{\bar{z}}u = v$ 在分布意义下成立, 且对于任意紧集 $K \subset \Omega$ 有

$$\int_K |u|^2 e^{-\varphi} \leqslant \liminf_{k\to\infty} \int_K |u_{j_k}|^2 e^{-\varphi} \leqslant \liminf_{k\to\infty} \int_{\Omega_{j_k}} |u_{j_k}|^2 e^{-\varphi} \leqslant \int_\Omega e^{-\varphi}|v|^2/\varphi_{z\bar{z}}.$$

令 $K \to \Omega$ 即得 (2.7).　　　　　　　　　　　　　　　　　　　□

## 2.4  Carleman 估计

Hörmander 的加权 $L^2$ 估计的思想起源于 Carleman 的一个工作. 由于 Carleman 方法在偏微分方程里有着深远的影响, 因此我们在这里作简要的介绍. Carleman 发明这个技巧的目的是为了证明下面的强唯一性定理:

**定理 2.4.1**(Carleman)  设 $\mathbb{D}$ 为单位圆盘. 假设 $u \in W_{\mathrm{loc}}^{2,2}(\mathbb{D})$ 满足下面的条件:

(1) $0$ 为 $u$ 的无穷阶零点, 即对任意 $k \in \mathbb{Z}^+$, 存在常数 $C_k > 0$, 使得 $|u(z)| \leqslant C_k |z|^k$ 于 $0$ 的某邻域;

(2) $|\Delta u| \leqslant C(|u| + |\nabla u|)$ 于 $0$ 的某邻域,

那么 $u = 0$ 于 $0$ 的某邻域.

注意到定理 2.4.1 适用于下面的椭圆方程的解:

$$\Delta u + a u_x + b u_y + c u = 0, \quad a, b, c \in L_{\mathrm{loc}}^{\infty}(\mathbb{D}).$$

**定理 2.4.1 的证明**  记 $\mathbb{D}_r := \{z \in \mathbb{C} : |z| < r\}$ 以及 $\mathbb{D}_r^* := \mathbb{D}_r \backslash \{0\}$. 对 $t \in \mathbb{R}$, 令

$$\varphi^t(z) := t \log|z| + \log(-\log|z|^2), \quad z \in \mathbb{D}^*.$$

直接计算可得

$$\varphi_{z\bar{z}}^t = -\frac{1}{|z|^2 (\log|z|^2)^2}.$$

在 (2.5) 中取 $\Omega = \mathbb{D}_{1/2}^*$ 以及 $\varphi = \varphi^t$ 即得下面的加权 Poincaré 型不等式

$$\int_{\mathbb{D}_{1/2}^*} \frac{|f_{\bar{z}}|^2}{|z|^t(-\log|z|^2)} \geqslant \int_{\mathbb{D}_{1/2}^*} \frac{|f|^2}{|z|^{t+2}(-\log|z|^2)^3}, \quad f \in W_0^{2,2}(\mathbb{D}_{1/2}^*).$$

于是

$$\int_{\mathbb{D}_{1/2}^*} \frac{|f_{\bar{z}}|^2}{|z|^t} \geqslant c_0 \int_{\mathbb{D}_{1/2}^*} \frac{|f|^2}{|z|^{t+1}},$$

其中 $c_0 \ll 1$ 代表一个绝对常数. 将 $f$ 用 $\bar{f}$ 代替可得

$$\int_{\mathbb{D}^*_{1/2}} \frac{|f_z|^2}{|z|^t} \geqslant c_0 \int_{\mathbb{D}^*_{1/2}} \frac{|f|^2}{|z|^{t+1}}.$$

再将上两式中的 $f$ 分别用 $f_z$ 和 $f_{\bar{z}}$ 代替可得

$$\int_{\mathbb{D}^*_{1/2}} \frac{|f_{z\bar{z}}|^2}{|z|^t} \geqslant c_0 \int_{\mathbb{D}^*_{1/2}} \frac{|f_z|^2}{|z|^{t+1}},$$

$$\int_{\mathbb{D}^*_{1/2}} \frac{|f_{z\bar{z}}|^2}{|z|^t} \geqslant c_0 \int_{\mathbb{D}^*_{1/2}} \frac{|f_{\bar{z}}|^2}{|z|^{t+1}}.$$

综合上面的这些不等式, 我们最终得到下面的 Carleman 不等式:

$$\int_{\mathbb{D}^*_{1/2}} \frac{|\Delta f|^2}{|z|^t} \geqslant c_0 \int_{\mathbb{D}^*_{1/2}} \left[ \frac{|\nabla f|^2}{|z|^{t+1}} + \frac{|f|^2}{|z|^{t+2}} \right]. \tag{2.8}$$

对于 $0 < \varepsilon \ll r_0 \ll 1$, 不难构造截断函数 $\chi$, 使得

$$\chi|_{\mathbb{D}_{\varepsilon/2}} = 0, \quad \chi|_{\mathbb{D}_{r_0/2} \backslash \mathbb{D}_\varepsilon} = 1, \quad \chi|_{\mathbb{D}^c_{r_0}} = 0,$$

$$|\chi'| \leqslant (c_0\varepsilon)^{-1}, \quad |\chi''| \leqslant (c_0\varepsilon)^{-2} \quad \mathrel{\text{于}} \ \mathbb{D}_\varepsilon.$$

在 (2.8) 中取 $f = \chi u$ 可得

$$\int_{\mathbb{D}^*_{1/2}} \left[ \frac{|\chi \Delta u|^2}{|z|^t} + \frac{|\nabla \chi \cdot \nabla u|^2}{|z|^t} + \frac{|u \Delta \chi|^2}{|z|^t} \right]$$

$$\geqslant c_0 \int_{\mathbb{D}^*_{1/2}} \left[ \frac{|\chi u|^2}{|z|^{t+2}} + \frac{|\chi \nabla u + u \nabla \chi|^2}{|z|^{t+1}} \right]. \tag{2.9}$$

由条件 (1) 以及众所周知的 Caccioppoli 不等式可知, 对任意 $\tau > 0$, 存在常数 $C_\tau > 0$, 使得

$$\int_{\mathbb{D}_\varepsilon} |u|^2 \leqslant C_\tau \varepsilon^\tau, \quad \int_{\mathbb{D}_\varepsilon} |\nabla u|^2 \leqslant C_\tau \varepsilon^\tau.$$

(2.9) 结合条件 (2) 再令 $\varepsilon \to 0$ 即得, 当 $r_0 \ll 1$ 时,

$$\int_{\mathbb{D}_{r_0}} \left[ \frac{|u|^2}{|z|^t} + \frac{|\nabla u|^2}{|z|^t} \right] \geqslant c \int_{\mathbb{D}_{r_1}} \left[ \frac{|u|^2}{|z|^{t+2}} + \frac{|\nabla u|^2}{|z|^{t+1}} \right], \quad \forall\, 0 < r_1 \leqslant r_0/2,$$

其中 $c$ 是一个与 $r_1$ 以及 $t$ 无关的正常数. 特别地, 当 $r_1 \ll r_0$ 时, 我们有

$$\int_{\mathbb{D}_{r_0} \setminus \mathbb{D}_{r_1}} \left[ \frac{|u|^2}{|z|^t} + \frac{|\nabla u|^2}{|z|^t} \right] \geqslant \frac{c}{2} \int_{\mathbb{D}_{r_1}} \frac{|u|^2}{|z|^{t+2}}.$$

于是当 $t > 0$ 时,

$$\|u\|_{W^{1,2}(\mathbb{D}_{r_0})}^2 \geqslant \frac{c}{2} \int_{\mathbb{D}_{r_1}} \frac{|u|^2}{|z|^2(|z|/r_1)^t}.$$

令 $t \to +\infty$ 即得 $u = 0$ 于 $\mathbb{D}_{r_1}$. □

# 第 3 章 拟凸域上 $\bar{\partial}$-方程的 $L^2$ 估计

## 3.1 Morrey-Kohn-Hörmander 公式

设 $\Omega$ 为 $\mathbb{C}^n$ 中的一个区域, $u$ 为 $\Omega$ 上的一个函数, $v = \sum_k v_k d\bar{z}_k$ 为 $\Omega$ 上的一个 $(0,1)$ 形式. 若

$$\partial u / \partial \bar{z}_k = v_k, \quad 1 \leqslant k \leqslant n$$

在分布意义下成立, 则称其为 Cauchy-Riemann 方程 (简称 $\bar{\partial}$-方程). 若令

$$\bar{\partial} u = \sum_{k=1}^{n} \frac{\partial u}{\partial \bar{z}_k} d\bar{z}_k,$$

那么 $\bar{\partial}$-方程可以简写为

$$\bar{\partial} u = v.$$

因为 $\bar{\partial}^2 = 0$, 所以 $\bar{\partial}$-方程有解的一个必要条件是 $\bar{\partial} v = 0$, 即

$$\partial v_j / \partial \bar{z}_k = \partial v_k / \partial \bar{z}_j, \quad 1 \leqslant j, k \leqslant n,$$

称其为相容性条件. 在 $n = 1$ 时, 这个条件总是满足的. 而当 $n > 1$ 时, $\bar{\partial}$-方程变成一个超定方程. 这在某种程度反映出多复变和单复变的差别.

接下来我们导出一个先验估计, 其在解 $\bar{\partial}$-方程时起着关键的作用. 记 $\mathcal{D}(\Omega) = C_0^\infty(\Omega)$. 令 $\mathcal{D}_{(p,q)}(\Omega)$ 为系数在 $\mathcal{D}(\Omega)$ 中的 $(p,q)$ 形式全体. 设 $\varphi \in C^2(\Omega)$ 为一个实值函数. 对于 $\mathcal{D}_{(0,q)}(\Omega)$ 中的两个形式

$$f = \sum_{|J|=q}{}' f_J d\bar{z}_J, \quad g = \sum_{|J|=q}{}' g_J d\bar{z}_J,$$

我们定义它们的内积为

$$\langle f, g\rangle_\varphi := \sum_{|J|=q}' \int_\Omega f_J\, \bar{g}_J\, e^{-\varphi}.$$

这里 $\sum'$ 指按指标严格递增的顺序而求和.

设 $\bar{\partial}_\varphi^*$ 为 $\bar{\partial} : \mathcal{D}_{(0,q)}(\Omega) \to \mathcal{D}_{(0,q+1)}(\Omega)$ 的相应于内积 $\langle \cdot, \cdot\rangle_\varphi$ 的形式伴随算子. 我们来计算 $\bar{\partial}_\varphi^*$. 设 $f \in \mathcal{D}_{(0,q+1)}(\Omega)$, $g \in \mathcal{D}_{(0,q)}(\Omega)$. 因为

$$\bar{\partial} g = \sum_{|K|=q}' \sum_j \frac{\partial g_K}{\partial \bar{z}_j} d\bar{z}_j \wedge d\bar{z}_K,$$

所以

$$\langle \bar{\partial}_\varphi^* f, g\rangle_\varphi = \langle f, \bar{\partial} g\rangle_\varphi = \sum_{|K|=q}' \sum_j \int_\Omega f_{jK} \overline{\frac{\partial g_K}{\partial \bar{z}_j}}\, e^{-\varphi}$$

$$= -\sum_{|K|=q}' \sum_j \int_\Omega e^\varphi \frac{\partial(e^{-\varphi} f_{jK})}{\partial z_j}\, \bar{g}_K\, e^{-\varphi},$$

其中 $f_{jK} = f_J \varepsilon_{jK}^J$, $\varepsilon_{jK}^J = \mathrm{sgn} \begin{pmatrix} J \\ jK \end{pmatrix}$, 若 $J = \{j\} \cup K$; 否则取值为 0.

于是

$$\bar{\partial}_\varphi^* f = -e^\varphi \sum_{|K|=q}' \sum_j \frac{\partial(e^{-\varphi} f_{jK})}{\partial z_j} d\bar{z}_K$$

$$= -\sum_{|K|=q}' \sum_j \left( \frac{\partial f_{jK}}{\partial z_j} - f_{jK} \frac{\partial \varphi}{\partial z_j} \right) d\bar{z}_K. \tag{3.1}$$

**命题 3.1.1**(Morrey-Kohn-Hörmander 公式)

$$\int_\Omega |\bar{\partial} f|^2 e^{-\varphi} + \int_\Omega |\bar{\partial}_\varphi^* f|^2 e^{-\varphi}$$

$$= \sum_{j,k} \int_\Omega \frac{\partial^2 \varphi}{\partial z_j \partial \bar{z}_k} f_j \bar{f}_k e^{-\varphi} + \sum_{j,k} \int_\Omega \left| \frac{\partial f_j}{\partial \bar{z}_k} \right|^2 e^{-\varphi}, \quad f \in \mathcal{D}_{(0,1)}(\Omega). \tag{3.2}$$

**证明**　由于

$$\bar{\partial} f = \sum_{j,k} \frac{\partial f_j}{\partial \bar{z}_k} d\bar{z}_k \wedge d\bar{z}_j = \sum_{j<k} \left( \frac{\partial f_j}{\partial \bar{z}_k} - \frac{\partial f_k}{\partial \bar{z}_j} \right) d\bar{z}_k \wedge d\bar{z}_j, \tag{3.3}$$

故而

$$\int_{\Omega} |\bar{\partial} f|^2 e^{-\varphi} = \int_{\Omega} \frac{1}{2} \sum_{j,k} \left| \frac{\partial f_j}{\partial \bar{z}_k} - \frac{\partial f_k}{\partial \bar{z}_j} \right|^2 e^{-\varphi}$$

$$= \int_{\Omega} \left( \sum_{j,k} \left| \frac{\partial f_j}{\partial \bar{z}_k} \right|^2 - \sum_{j,k} \frac{\partial f_j}{\partial \bar{z}_k} \overline{\frac{\partial f_k}{\partial \bar{z}_j}} \right) e^{-\varphi}. \tag{3.4}$$

由 (3.1) 可得

$$\bar{\partial} \bar{\partial}_\varphi^* f = - \sum_{j,k} \left( \frac{\partial^2 f_j}{\partial z_j \partial \bar{z}_k} - f_j \frac{\partial^2 \varphi}{\partial z_j \partial \bar{z}_k} - \frac{\partial f_j}{\partial \bar{z}_k} \frac{\partial \varphi}{\partial z_j} \right) d\bar{z}_k, \tag{3.5}$$

从而

$$\int_{\Omega} |\bar{\partial}_\varphi^* f|^2 e^{-\varphi} = \langle \bar{\partial} \bar{\partial}_\varphi^* f, f \rangle_\varphi$$

$$= - \int_{\Omega} \sum_{j,k} \left( \frac{\partial^2 f_j}{\partial z_j \partial \bar{z}_k} - f_j \frac{\partial^2 \varphi}{\partial z_j \partial \bar{z}_k} - \frac{\partial f_j}{\partial \bar{z}_k} \frac{\partial \varphi}{\partial z_j} \right) \bar{f}_k e^{-\varphi}. \tag{3.6}$$

注意到

$$\int_{\Omega} \frac{\partial^2 f_j}{\partial z_j \partial \bar{z}_k} \bar{f}_k e^{-\varphi} = - \int_{\Omega} \frac{\partial f_j}{\partial \bar{z}_k} \overline{\frac{\partial f_k}{\partial \bar{z}_j}} e^{-\varphi} + \int_{\Omega} \frac{\partial f_j}{\partial \bar{z}_k} \frac{\partial \varphi}{\partial z_j} \bar{f}_k e^{-\varphi}. \tag{3.7}$$

由 (3.4), (3.6) 以及 (3.7) 即得 (3.2).　　　　　　　　　　　□

## 3.2　Laplace-Beltrami 方程 (Dirichlet 条件)

设 $\Omega$ 为 $\mathbb{C}^n$ 中的一个有界区域, $\varphi$ 为 $\overline{\Omega}$ 上的一个强多次调和函数. 记 $L^2(\Omega, \varphi)$ 和 $L^2_{(0,1)}(\Omega, \varphi)$ 分别为 $\mathcal{D}(\Omega)$ 和 $\mathcal{D}_{(0,1)}(\Omega)$ 相应于内积 $\langle \cdot, \cdot \rangle_\varphi$

的完备化. 由 (3.2) 可得

$$\|\bar{\partial}f\|_\varphi^2 + \|\bar{\partial}_\varphi^* f\|_\varphi^2 \geqslant \int_\Omega \sum_{j,k} \frac{\partial^2 \varphi}{\partial z_j \partial \bar{z}_k} f_j \bar{f}_k e^{-\varphi}, \quad \forall f \in \mathcal{D}_{(0,1)}(\Omega). \quad (3.8)$$

现定义一个 Hermitian 形式如下

$$\langle f, g \rangle_L := \langle \bar{\partial}f, \bar{\partial}g \rangle_\varphi + \langle \bar{\partial}_\varphi^* f, \bar{\partial}_\varphi^* g \rangle_\varphi, \quad \forall f, g \in \mathcal{D}_{(0,1)}(\Omega).$$

令 $\|f\|_L = \sqrt{\langle f, f \rangle_L}$. 从 (3.8) 可以推出

$$\|f\|_\varphi \lesssim \|f\|_L, \quad \forall f \in \mathcal{D}_{(0,1)}(\Omega). \quad (3.9)$$

这里隐含的常数可能依赖于 $\varphi$ 但不依赖于 $f$. 于是 $\|\cdot\|_L$ 构成了一个范数. 由 (3.2) 可得

$$\sum_{j,k} \int_\Omega \left| \frac{\partial f_j}{\partial \bar{z}_k} \right|^2 \lesssim \|f\|_L^2. \quad (3.10)$$

注意到

$$\int_\Omega \left| \frac{\partial f_j}{\partial z_k} \right|^2 = \int_\Omega \frac{\partial f_j}{\partial z_k} \overline{\frac{\partial f_j}{\partial z_k}} = -\int_\Omega f_j \overline{\frac{\partial^2 f_j}{\partial z_k \partial \bar{z}_k}} = \int_\Omega \left| \frac{\partial f_j}{\partial \bar{z}_k} \right|^2. \quad (3.11)$$

于是从 (3.9), (3.10) 以及 (3.11) 可以推出

$$\|f\|_{W^{1,2}} \lesssim \|f\|_L.$$

另一方面, 显然有

$$\|f\|_L \lesssim \|f\|_{W^{1,2}}.$$

故范数 $\|\cdot\|_L$ 以及 $\|\cdot\|_{W^{1,2}}$ 相互等价.

设 $H$ 为 $\mathcal{D}_{(0,1)}(\Omega)$ 在范数 $\|\cdot\|_L$ 下的完备化. 其与系数在 $W_0^{1,2}(\Omega)$ 中的 $(0,1)$ 形式组成的 Hilbert 空间重合.

**命题 3.2.1**　对每个 $v \in L^2_{(0,1)}(\Omega, \varphi)$, 存在唯一的 $w \in H$, 使得

$$\langle f, w \rangle_L = \langle f, v \rangle_\varphi, \quad \forall f \in H, \tag{3.12}$$

且有

$$\|\bar\partial w\|^2_\varphi + \|\bar\partial^*_\varphi w\|^2_\varphi \leqslant \int_\Omega |v|^2_{i\partial\bar\partial\varphi} e^{-\varphi}. \tag{3.13}$$

一些记号: 设 $\Theta = i \sum_{j,k} \Theta_{j,k} dz_j \wedge d\bar z_k$ 为 $\Omega$ 上一个连续的正 $(1,1)$ 形式, 即矩阵 $(\Theta_{jk})$ 在 $\Omega$ 中每一点均为正定的且所有元素为连续函数. 定义一个 $(0,1)$ 形式 $f = \sum f_j d\bar z_j$ 相应于 $\Theta$ 的点态长度为

$$|f|_\Theta := \left[ \sum_{j,k} \Theta^{jk} f_j \bar f_k \right]^{\frac{1}{2}},$$

其中 $(\Theta^{jk})$ 为 $(\Theta_{jk})$ 的逆阵.

**证明**　考虑线性泛函

$$F(f) = \langle f, v \rangle_\varphi, \quad f \in H.$$

由 Cauchy-Schwarz 不等式以及 (3.8) 可知

$$|F(f)|^2 \leqslant \left( \int_\Omega |v|^2_{i\partial\bar\partial\varphi} e^{-\varphi} \right) \int_\Omega \sum_{j,k} \frac{\partial^2\varphi}{\partial z_j \partial\bar z_k} f_j \bar f_k e^{-\varphi}$$

$$\leqslant \left( \int_\Omega |v|^2_{i\partial\bar\partial\varphi} e^{-\varphi} \right) \|f\|^2_L.$$

应用 Riesz 表示定理可得唯一的 $w \in H$ 满足 (3.12) 以及

$$\|w\|^2_L \leqslant \|F\|^2 \leqslant \int_\Omega |v|^2_{i\partial\bar\partial\varphi} e^{-\varphi}. \qquad \Box$$

定义 Laplace-Beltrami 算子为

$$\Box_\varphi = \bar\partial \bar\partial^*_\varphi + \bar\partial^*_\varphi \bar\partial.$$

显然, 我们有

$$\langle f, g\rangle_L = \langle \Box_\varphi f, g\rangle_\varphi, \quad \forall f, g \in \mathcal{D}_{(0,1)}(\Omega).$$

由前面的命题可知方程

$$\Box_\varphi w = v \tag{3.14}$$

存在唯一的弱解, 且满足估计 (3.13).

接下来我们研究这个弱解 $w$ 的正则性.

**命题 3.2.2** 若 $v$ 在 $\Omega$ 上是 $C^\infty$ 的, 那么 $w$ 也是 $C^\infty$ 的. 此时 $w$ 为 Laplace-Beltrami 方程 (3.14) 的经典解.

为了证明命题 3.2.2, 我们需要 Poisson 方程弱解的一个经典结果.

**定理 3.2.3** 设 $\Omega$ 为 $\mathbb{R}^n$ 中的一个有界区域, $u \in W^{1,2}(\Omega)$ 为 Poisson 方程

$$-\Delta u = g \in L^2(\Omega)$$

的一个弱解, 那么 $u \in W^{2,2}_{\mathrm{loc}}(\Omega)$.

定理 3.2.3 的证明在很多偏微分方程教材中可以找到, 这里为了完整起见, 我们将在附录中给出详细的证明.

**命题 3.2.2 的证明** 对于 $f \in \mathcal{D}_{(0,1)}(\Omega)$, 有

$$\bar{\partial} f = \sum_{j<k} \left( \frac{\partial f_k}{\partial \bar{z}_j} - \frac{\partial f_j}{\partial \bar{z}_k} \right) d\bar{z}_j \wedge d\bar{z}_k.$$

记 $f_{jk} := \partial f_k / \partial \bar{z}_j - \partial f_j / \partial \bar{z}_k$. 则有 $f_{jk} = -f_{kj}$, 且由 (3.1) 可得

$$
\begin{aligned}
\bar{\partial}^*_\varphi \bar{\partial} f &= -e^\varphi \left[ \sum_{j<k} \frac{\partial(e^{-\varphi} f_{jk})}{\partial z_j} + \sum_{j>k} \frac{\partial\left(e^{-\varphi} f_{kj}\sigma^{kj}_{jk}\right)}{\partial z_j} \right] d\bar{z}_k \\
&= -e^\varphi \sum_{j,k} \frac{\partial(e^{-\varphi} f_{jk})}{\partial z_j} d\bar{z}_k \\
&= -\sum_{j,k} \left[ \frac{\partial^2 f_k}{\partial z_j \partial \bar{z}_j} - \frac{\partial^2 f_j}{\partial z_j \partial \bar{z}_k} - \frac{\partial\varphi}{\partial z_j} \left( \frac{\partial f_k}{\partial \bar{z}_j} - \frac{\partial f_j}{\partial \bar{z}_k} \right) \right] d\bar{z}_k.
\end{aligned}
$$

再结合 (3.5) 即得

$$\Box_\varphi f = -\sum_k \left[ \frac{\Delta f_k}{4} - \sum_j \left( f_j \frac{\partial^2 \varphi}{\partial z_j \partial \bar{z}_k} + \frac{\partial \varphi}{\partial z_j} \frac{\partial f_k}{\partial \bar{z}_j} \right) \right] d\bar{z}_k,$$

其中 $\Delta = 4\sum_j \dfrac{\partial^2}{\partial z_j \partial \bar{z}_j}$ 为实 Laplace 算子. 这意味着方程 $\Box_\varphi w = v$ 可以转化为下面的方程组

$$-\frac{\Delta w_k}{4} + \sum_j \left[ w_j \frac{\partial^2 \varphi}{\partial z_j \partial \bar{z}_k} + \frac{\partial \varphi}{\partial z_j} \frac{\partial w_k}{\partial \bar{z}_j} \right] = v_k, \quad 1 \leqslant k \leqslant n,$$

即

$$-\Delta w_k = 4v_k - 4\sum_j \left[ w_j \frac{\partial^2 \varphi}{\partial z_j \partial \bar{z}_k} + \frac{\partial \varphi}{\partial z_j} \frac{\partial w_k}{\partial \bar{z}_j} \right] \in L^2_{\text{loc}}(\Omega)$$

(这是因为所有 $w_j \in W^{1,2}(\Omega)$). 由定理 3.2.3 即得 $w_k \in W^{2,2}_{\text{loc}}(\Omega)$, $\forall 1 \leqslant k \leqslant n$. 接下来我们将利用数学归纳法来得到高阶正则性. 假设 $w_k \in W^{m+1,2}_{\text{loc}}(\Omega)$. 记

$$\partial^{(\alpha)} = \partial^{|\alpha|}/\partial x_1^{\alpha_1} \cdots \partial x_{2n}^{\alpha_{2n}}, \quad \text{其中} \quad z_j = x_j + i x_{n+j}.$$

当 $|\alpha| \leqslant m$ 时, 有 $\partial^{(\alpha)} w_k \in W^{1,2}_{\text{loc}}(\Omega)$ 且

$$-\Delta(\partial^{(\alpha)} w_k) = 4\partial^{(\alpha)} v_k - 4\partial^{(\alpha)} \left\{ \sum_j \left[ w_j \frac{\partial^2 \varphi}{\partial z_j \partial \bar{z}_k} + \frac{\partial \varphi}{\partial z_j} \frac{\partial w_k}{\partial \bar{z}_j} \right] \right\} \in L^2_{\text{loc}}(\Omega).$$

故由定理 3.2.3 可知 $\partial^{(\alpha)} w_k \in W^{2,2}_{\text{loc}}(\Omega)$, 即 $w_k \in W^{m+2,2}_{\text{loc}}(\Omega)$.

最后由 Sobolev 嵌入定理可知 $w_k \in C^\infty(\Omega)$. 　　　　　□

设 $\Omega$ 为 $\mathbb{C}^n$ 中具有光滑边界的拟凸域. $\bar{\partial}$-Neumann 问题问的是何时下面的 Laplace-Beltrami 方程

$$\Box w = v \in C^\infty_{(p,q)}(\overline{\Omega})$$

存在解 $w \in C_{(p,q)}^{\infty}(\overline{\Omega})$ 满足下面的 Neumann 条件:

$$\bar{\partial}\rho \lrcorner w = 0, \quad \text{以及} \quad \bar{\partial}\rho \lrcorner \bar{\partial}w = 0 \quad \text{于} \quad \partial\Omega,$$

其中 $\lrcorner$ 为缩并算子, $\rho$ 为一个定义函数. 当 $\Omega$ 为强拟凸域时, Kohn 解决了 $\bar{\partial}$-Neumann 问题. 于是若 $v$ 为 $\bar{\partial}$-闭的, 则有 $\bar{\partial}\bar{\partial}^*\bar{\partial}w = \bar{\partial}v = 0$, 使得

$$\langle \bar{\partial}^*\bar{\partial}w, \bar{\partial}^*\bar{\partial}w \rangle = \langle \bar{\partial}\bar{\partial}^*\bar{\partial}w, \bar{\partial}w \rangle = 0 \Rightarrow \bar{\partial}^*\bar{\partial}w = 0,$$

即 $\bar{\partial}^*w$ 给出了方程 $\bar{\partial}u = v$ 的一个解. 然而 Kohn 的关于 $w$ 的边界正则性的证明远比内正则性要复杂.

尽管解 Dirichlet 条件的 Laplace-Beltrami 方程 $\Box_{\varphi}w = v$ 要容易得多, 然而由于 $\bar{\partial}_{\varphi}^*\bar{\partial}w$ 一般来说非零, 故而 $\bar{\partial}_{\varphi}^*w$ 并非方程 $\bar{\partial}u = v$ 的一个弱解. 为了消除误差项 $\bar{\partial}_{\varphi}^*\bar{\partial}w$ 的影响, 我们需要对前面这些命题稍作变化. 这就是所谓的 Hörmander 三权技巧.

我们首先引入一个附加权函数 $\psi \in C^{\infty}(\overline{\Omega})$. 记 $\bar{\partial}_-^*$ 以及 $\bar{\partial}_+^*$ 分别为

$$\bar{\partial} : \mathcal{D}(\Omega) \cap L^2(\Omega, \varphi - \psi) \to \mathcal{D}_{(0,1)}(\Omega) \cap L_{(0,1)}^2(\Omega, \varphi),$$

$$\bar{\partial} : \mathcal{D}_{(0,1)}(\Omega) \cap L_{(0,1)}^2(\Omega, \varphi) \to \mathcal{D}_{(0,2)}(\Omega) \cap L_{(0,2)}^2(\Omega, \varphi + \psi)$$

的形式伴随算子. 类似于 (3.1) 可得

$$\bar{\partial}_-^*f = -\sum_j e^{-\psi}\left(\frac{\partial f_j}{\partial z_j} - f_j \frac{\partial \varphi}{\partial z_j}\right), \quad \forall f \in \mathcal{D}_{(0,1)}(\Omega). \tag{3.15}$$

另一方面, 从 (3.8) 可推出

$$\|\bar{\partial}f\|_{\varphi+\psi}^2 + \|\bar{\partial}_{\varphi+\psi}^*f\|_{\varphi+\psi}^2 \geqslant \int_{\Omega} \sum_{j,k} \frac{\partial^2(\varphi+\psi)}{\partial z_j \partial \bar{z}_k} f_j \bar{f}_k e^{-\varphi-\psi}. \tag{3.16}$$

由于

$$\bar{\partial}_{\varphi+\psi}^*f = -\sum_j \left[\frac{\partial f_j}{\partial z_j} - f_j \frac{\partial(\varphi+\psi)}{\partial z_j}\right] = e^{\psi}\bar{\partial}_-^*f + \sum_j f_j \frac{\partial \psi}{\partial z_j}, \tag{3.17}$$

故从 Cauchy-Schwarz 不等式可以推出

$$\|\bar{\partial}_{\varphi+\psi}^* f\|_{\varphi+\psi}^2 \leqslant (1+r)\|\bar{\partial}_-^* f\|_{\varphi-\psi}^2 + (1+1/r)\left\|\sum f_j \frac{\partial \psi}{\partial z_j}\right\|_{\varphi+\psi}^2, \quad (3.18)$$

其中 $r$ 为 $(0,1)$ 中的任一实数. 由 (3.16) 以及 (3.18) 即得

$$\|\bar{\partial} f\|_{\varphi+\psi}^2 + (1+r)\|\bar{\partial}_-^* f\|_{\varphi-\psi}^2$$

$$\geqslant \int_\Omega \left\{ \sum_{j,k} \frac{\partial^2(\varphi+\psi)}{\partial z_j \partial \bar{z}_k} f_j \bar{f}_k - \left(1+\frac{1}{r}\right) \left|\sum f_j \frac{\partial \psi}{\partial z_j}\right|^2 \right\} e^{-\varphi-\psi}$$

$$= \int_\Omega \sum_{j,k} \Phi_{jk} f_j \bar{f}_k e^{-\varphi-\psi}, \quad (3.19)$$

其中

$$\Phi = i \sum_{j,k} \Phi_{jk} dz_j \wedge d\bar{z}_k := i\partial\bar{\partial}(\varphi+\psi) - (1+1/r) i\partial\psi \wedge \bar{\partial}\psi.$$

令

$$\Box_{\varphi,\psi}^{(r)} := (1+r)\bar{\partial}\bar{\partial}_-^* + \bar{\partial}_+^*\bar{\partial}.$$

类似地, 我们可以证明下面的命题:

**命题 3.2.4** 假设 $\Phi$ 在 $\overline{\Omega}$ 上为正. 那么对任意 $v \in L_{(0,1)}^2(\Omega, \varphi)$ 存在唯一的 $w \in H$, 使得

$$\langle \bar{\partial} f, \bar{\partial} w\rangle_{\varphi+\psi} + (1+r)\langle \bar{\partial}_-^* f, \bar{\partial}_-^* w\rangle_{\varphi-\psi} = \langle f, v\rangle_\varphi, \quad f \in H, \quad (3.20)$$

即 $w$ 为方程

$$\Box_{\varphi,\psi}^{(r)} w = v$$

的一个弱解, 且有

$$\|\bar{\partial} w\|_{\varphi+\psi}^2 + (1+r)\|\bar{\partial}_-^* w\|_{\varphi-\psi}^2 \leqslant \int_\Omega |v|_\Phi^2 \, e^{-\varphi+\psi}. \quad (3.21)$$

此外, 若 $v$ 为 $C^\infty$ 的, 那么 $w$ 也是 $C^\infty$ 的.

## 3.3   Hörmander 估计

**定理 3.3.1**(Hörmander)  设 $\Omega$ 为 $\mathbb{C}^n$ 中的一个拟凸域, $\varphi$ 为 $\Omega$ 上一个多次调和函数且满足

$$i\partial\bar{\partial}\varphi \geqslant \Theta$$

在分布意义下成立, 其中 $\Theta$ 为 $\Omega$ 上的一个连续正 $(1,1)$ 形式. 若 $v$ 为 $\Omega$ 上一个 $\bar{\partial}$-闭的 $(0,1)$ 形式且满足

$$\int_{\Omega} |v|_{\Theta}^2 e^{-\varphi} < \infty, \tag{3.22}$$

那么存在 $u \in L^2_{\mathrm{loc}}(\Omega)$, 使得 $\bar{\partial}u = v$ 且有

$$\int_{\Omega} |u|^2 e^{-\varphi} \leqslant \int_{\Omega} |v|_{\Theta}^2 e^{-\varphi}. \tag{3.23}$$

事实上, Hörmander 只给出了更弱的估计

$$\int_{\Omega} |u|^2 e^{-\varphi} \leqslant \int_{\Omega} c^{-\varphi} |v|^2 / \mu_{\Theta},$$

其中 $\mu_{\Theta}$ 为 $\Theta$ 的最小特征值. 而 (3.23) 则由 Demailly 首先指出.

一个要补充的说明是, 下面给出的证明显示只需要假设 $\Theta$ 半正定即可. 此时, 我们需要调整 $|v|_{\Theta}$ 的定义如下:

$$|v|_{\Theta} := \sup \left\{ \left| \sum_j v_j \overline{X}_j \right| : \sum_{j,k} \Theta_{jk} X_j \overline{X}_k \leqslant 1 \right\}.$$

不难验证当 $\Theta$ 正定时, 该定义与前面的定义等价.

我们先来证明一些预备引理. 取定 $\Omega$ 上的一个非负 $C^\infty$ 强多次调和穷竭函数 $\phi$. 令

$$\Omega_t := \{z \in \Omega : \phi(z) < t\}, \quad t > 0.$$

我们先暂时固定 $t \in \mathbb{R}^+$ 以及 $0 < r < 1$. 不难构造非负函数 $\psi = \psi_t \in C^\infty(\Omega)$ 满足

$$\psi = 0 \ \ \text{于} \ \ \Omega_{t+1}, \quad |\partial\phi|^2 \leqslant e^\psi \ \ \text{于} \ \ \Omega\backslash\Omega_{t+2}. \tag{3.24}$$

注意到条件 (3.22) 隐含了 $|v|e^{-\varphi/2} \in L^2_{\mathrm{loc}}(\Omega)$.

**引理 3.3.2** 存在一个 $\mathbb{R}$ 上的凸增函数 $\lambda$, 使得 $\lambda|_{(-\infty,t)} = 0$ 且满足下面的条件:

$$\lambda \circ \phi \geqslant \psi, \tag{3.25}$$

$$\int_\Omega |v|^2(1 + |\partial\phi|^2)\, e^{-\varphi - \lambda\circ\phi} < \infty, \tag{3.26}$$

$$i\partial\bar{\partial}\lambda \circ \phi \geqslant -i\partial\bar{\partial}\psi + (1 + 1/r)\, i\partial\psi \wedge \bar{\partial}\psi. \tag{3.27}$$

**证明** (i) 令 $\eta_1(t) := \max_{\overline{\Omega}_t} \psi$. 显然 $\eta_1$ 为一个连续函数. 若

$$\lambda \geqslant \eta_1, \tag{3.28}$$

则 (3.25) 满足.

(ii) 取 $\eta_2(t) := \displaystyle\int_{\Omega_t} |v|^2(1 + |\partial\phi|^2)e^{-\varphi}$. 由积分绝对连续性可知 $\eta_2$ 连续. 因此若

$$\exp\lambda(t/2) \geqslant t\eta_2(t), \tag{3.29}$$

则有

$$\int_{\Omega\backslash\Omega_1} |v|^2(1 + |\partial\phi|^2)e^{-\varphi - \lambda\circ\phi}$$

$$= \sum_{k=0}^\infty \int_{\Omega_{2^{k+1}}\backslash\Omega_{2^k}} |v|^2(1 + |\partial\phi|^2)e^{-\varphi - \lambda\circ\phi}$$

$$\leqslant \sum_{k=0}^\infty e^{-\lambda(2^k)}\eta_2(2^{k+1}) \leqslant \sum_{k=0}^\infty 2^{-k-1} < \infty.$$

(iii) 显然存在 $\Omega$ 上的正连续函数 $\kappa$, 使得

$$\kappa\, i\partial\bar{\partial}\phi \geqslant -i\partial\bar{\partial}\psi + (1 + 1/r)\, i\partial\psi \wedge \bar{\partial}\psi.$$

令 $\eta_3(t) := \max_{\overline{\Omega}_t} \kappa$. 由于 $i\partial\bar{\partial}\lambda \circ \phi \geqslant \lambda'(\phi)i\partial\bar{\partial}\phi$, 因此若

$$\lambda' \geqslant \eta_3, \tag{3.30}$$

那么 (3.27) 满足.

综上所述, 我们只需选取凸增函数 $\lambda$ 同时满足 (3.28) $\sim$ (3.30). $\quad\square$

设 $\chi: \mathbb{R} \to [0,1]$ 为一个截断函数, 使得 $\chi|_{(-\infty,1/2]} = 1$ 以及 $\chi|_{[1,\infty)} = 0$. 令 $v_j = (\chi(\phi/j)v) * \theta_{\varepsilon_j}$, 其中 $\varepsilon_j < \min\{d(\Omega_j, \partial\Omega), 1/j\}$. 这里 $\theta$ 为一个 Friedrichs 光滑化算子, 即 $\theta$ 为紧支于闭单位球的非负光滑函数且满足 $\int_{\mathbb{C}^n} \theta = 1$, 而 $\theta_\varepsilon(z) = \varepsilon^{-2n}\theta(z/\varepsilon)$.

**引理 3.3.3** 若 $\varphi \in L^\infty_{\text{loc}}(\Omega)$, 则可取 $\varepsilon_j \ll 1/j$, 使得

$$\lim_{j\to\infty} \int_\Omega |v_j - v|^2_\Theta e^{-\varphi} = 0, \tag{3.31}$$

$$\lim_{j\to\infty} \int_\Omega |\bar{\partial}v_j|^2 e^{-\varphi-\lambda\circ\phi} = 0. \tag{3.32}$$

**证明** 由 (3.22) 可得

$$\lim_{j\to\infty} \int_\Omega |\chi(\phi/j)v - v|^2_\Theta e^{-\varphi} = 0,$$

而对每个固定的 $j$ 成立

$$\int_{\Omega_{j+1}} |\cdot|^2_\Theta e^{-\varphi} \asymp \|\cdot\|^2_{L^2(\Omega_{j+1})},$$

其中隐含常数依赖于 $\varphi$ 以及 $j$ (注意到 $\Theta$ 为连续的正 $(1,1)$ 形式以及 $\varphi \in L^\infty(\Omega_{j+1})$), 而且

$$\lim_{\varepsilon\to 0} \|(\chi(\phi/j)v) * \theta_\varepsilon - \chi(\phi/j)v\|_{L^2(\Omega_{j+1})} = 0.$$

于是可取 $\varepsilon_j \ll 1/j$, 使得 (3.31) 成立.

另一方面, 由于

$$\bar{\partial}(\chi(\phi/j)v) = j^{-1}\chi'(\phi/j)\bar{\partial}\phi \wedge v,$$

故从 (3.26) 可以推出

$$\lim_{j\to\infty} \int_{\Omega} |\bar{\partial}(\chi(\phi/j)v)|^2 e^{-\varphi-\lambda\circ\phi} = 0.$$

因为 $\bar{\partial}((\chi(\phi/j)v) * \theta_\varepsilon) = (\bar{\partial}(\chi(\phi/j)v)) * \theta_\varepsilon$, 所以可取 $\varepsilon_j \ll 1/j$, 使得 (3.32) 成立. $\qquad\square$

**定理 3.3.1 的证明** 首先假设 $\varphi \in L^\infty_{\text{loc}}(\Omega)$. 取 $\Omega_{j+1}$ 上的光滑强多次调和函数 $\varphi_j$, 使得 $\varphi_j \downarrow \varphi$ $(j \to \infty)$, 而且 $i\partial\bar{\partial}\varphi_j \geqslant \Theta$ 在 $\overline{\Omega}_j$ 上成立. 事实上, 我们有

$$i\partial\bar{\partial}(\varphi * \theta_\varepsilon) = (i\partial\bar{\partial}\varphi) * \theta_\varepsilon \geqslant \Theta * \theta_\varepsilon \to \Theta \quad \text{一致于 } \overline{\Omega}_j.$$

因此只需取 $\varphi_j = \varphi * \theta_{\varepsilon_j} + (|z|^2 + 1)/j$, 其中 $\{\varepsilon_j\}$ 为一列速降于 0 的正数.

令

$$\widehat{\varphi}_j := \varphi_j + \lambda \circ \phi.$$

由 (3.27) 可知

$$\Phi^{(j)} := i\partial\bar{\partial}(\widehat{\varphi}_j + \psi) - (1 + 1/r)i\partial\psi \wedge \bar{\partial}\psi \geqslant \Theta. \qquad (3.33)$$

对 $(\Omega_j, \widehat{\varphi}_j, \psi)$ 应用命题 3.2.4 可得方程

$$\square^{(r)}_{\widehat{\varphi}_j,\psi} w = v_j$$

的一个 $C^\infty$ 解 $w_j$, 使得

$$\|\bar{\partial}w_j\|^2_{\widehat{\varphi}_j+\psi} + (1+r)\|\bar{\partial}^*_- w_j\|^2_{\widehat{\varphi}_j-\psi}$$
$$\leqslant \int_{\Omega_j} |v_j|^2_{\Phi^{(j)}} e^{-\widehat{\varphi}_j+\psi}$$

$$\leqslant \int_\Omega |v_j|_\Theta^2 e^{-\varphi} \leqslant 2\int_\Omega |v|_\Theta^2 e^{-\varphi}, \quad \forall j \gg 1. \tag{3.34}$$

这里后面两个不等式可以从 (3.25), (3.33) 以及 (3.31) 推出.

定义 $u_j = (1+r)\bar{\partial}_-^* w_j$ 于 $\Omega_j$. 由于对每个 $\Omega$ 中的紧集存在 $j_0 \in \mathbb{Z}^+$ 使得 $\{u_j : j \geqslant j_0\}$ 在该紧集上一致 $L^2$ 有界, 故由 Banach-Alaoglu 定理以及对角线法则可以找到一个子列, 不妨仍记为 $\{u_j\}$, 使得 $u_j$ 在 $L^2_{\mathrm{loc}}(\Omega)$ 中弱收敛于某个 $u$. 于是对于每个固定的 $k$,

$$(1+r)^{-1}\int_{\Omega_k}|u|^2 e^{-\widehat{\varphi}_k+\psi} \leqslant \liminf_{j\to\infty}(1+r)^{-1}\int_{\Omega_k}|u_j|^2 e^{-\widehat{\varphi}_k+\psi}$$

$$\leqslant \liminf_{j\to\infty}(1+r)^{-1}\int_{\Omega_j}|u_j|^2 e^{-\widehat{\varphi}_j+\psi}$$

$$\leqslant \liminf_{j\to\infty}\int_\Omega |v_j|_\Theta^2 e^{-\varphi} \quad (\text{由 }(3.34))$$

$$= \int_\Omega |v|_\Theta^2 e^{-\varphi} \quad (\text{由 }(3.31)).$$

再结合单调收敛定理即得

$$(1+r)^{-1}\int_\Omega |u|^2 e^{-\widehat{\varphi}+\psi} \leqslant \int_\Omega |v|_\Theta^2 e^{-\varphi}, \quad \widehat{\varphi} := \varphi + \lambda \circ \phi.$$

由于 $v_j = \bar{\partial}u_j + \bar{\partial}_+^*\bar{\partial}w_j$ 于 $\Omega_j$ 且由 (3.31) 可知, $v_j$ 在 $L^2_{(0,1)}(\Omega, \mathrm{loc})$ 中弱收敛于 $v$ (注意到 $\varphi \in L^\infty_{\mathrm{loc}}(\Omega)$), 因此 $\bar{\partial}u = v$ 成立当且仅当

$$\bar{\partial}_+^*\bar{\partial}w_j \text{ 在 } L^2_{(0,1)}(\Omega, \mathrm{loc}) \text{ 中弱收敛于 } 0. \tag{3.35}$$

令 $\kappa_j = \chi(2\phi/j)$. 由于 $\bar{\partial}v_j = \bar{\partial}\bar{\partial}_+^*\bar{\partial}w_j$ 于 $\Omega_j$, 则有

$$\langle \bar{\partial}v_j, \kappa_j^2 \bar{\partial}w_j\rangle_{\widehat{\varphi}_j+\psi}$$

$$= \langle \bar{\partial}(\kappa_j^2 \bar{\partial}_+^* \bar{\partial}w_j), \bar{\partial}w_j\rangle_{\widehat{\varphi}_j+\psi} - 2\langle \kappa_j\bar{\partial}\kappa_j \wedge \bar{\partial}_+^*\bar{\partial}w_j, \bar{\partial}w_j\rangle_{\widehat{\varphi}_j+\psi}$$

$$= \|\kappa_j\bar{\partial}_+^*\bar{\partial}w_j\|_{\widehat{\varphi}_j}^2 - 2\langle \kappa_j\bar{\partial}\kappa_j \wedge \bar{\partial}_+^*\bar{\partial}w_j, \bar{\partial}w_j\rangle_{\widehat{\varphi}_j+\psi}.$$

于是由 (3.24) 以及 (3.34) 可知, 当 $j \gg 1$ 时成立

$$\|\kappa_j \bar{\partial}_+^* \bar{\partial} w_j\|_{\widehat{\varphi}_j}^2$$

$$\leqslant \|\bar{\partial} w_j\|_{\widehat{\varphi}_j + \psi} \|\bar{\partial} v_j\|_{\widehat{\varphi}_j + \psi}$$

$$+ \frac{4}{j} \sup |\chi'| \cdot \sup_{\Omega \setminus \Omega_{t+2}} (|\partial \phi| e^{-\psi/2}) \|\bar{\partial} w_j\|_{\widehat{\varphi}_j + \psi} \|\kappa_j \bar{\partial}_+^* \bar{\partial} w_j\|_{\widehat{\varphi}_j}$$

$$\leqslant \left[ \int_\Omega |v_j|_\Theta^2 e^{-\varphi} \right]^{1/2} \left[ \|\bar{\partial} v_j\|_{\varphi + \lambda \circ \phi} + \frac{4}{j} \sup |\chi'| \cdot \|\kappa_j \bar{\partial}_+^* \bar{\partial} w_j\|_{\widehat{\varphi}_j} \right] \quad (3.36)$$

(注意到只有在这一步我们不得不引入附加权函数 $\psi$). (3.36) 结合 (3.31) 以及 (3.32) 即得

$$\|\kappa_j \bar{\partial}_+^* \bar{\partial} w_j\|_{\widehat{\varphi}_j} \to 0 \quad (j \to \infty). \quad (3.37)$$

设 $\Omega'$ 为 $\Omega$ 中任意一个相对紧开子集. 取 $j_0 \gg 1$, 使得 $\Omega' \subset \Omega_j$ 且 $\kappa_j|_{\Omega'} = 1, \forall j \geqslant j_0$. 那么对任意 $f \in L^2_{(0,1)}(\Omega')$, 有

$$|\langle \bar{\partial}_+^* \bar{\partial} w_j, f \rangle| \leqslant \|\bar{\partial}_+^* \bar{\partial} w_j\|_{L^2_{(0,1)}(\Omega')} \cdot \|f\|_{L^2_{(0,1)}(\Omega')}$$

$$\leqslant \left[ \sup_{\Omega'} e^{\widehat{\varphi}_{j_0}/2} \right] \|\bar{\partial}_+^* \bar{\partial} w_j\|_{L^2_{(0,1)}(\Omega', \widehat{\varphi}_{j_0})} \cdot \|f\|_{L^2_{(0,1)}(\Omega')}$$

$$\leqslant \left[ \sup_{\Omega'} e^{\widehat{\varphi}_{j_0}/2} \right] \|\kappa_j \bar{\partial}_+^* \bar{\partial} w_j\|_{\widehat{\varphi}_j} \cdot \|f\|_{L^2_{(0,1)}(\Omega')}$$

$$\to 0 \quad (j \to \infty). \quad (3.38)$$

于是 (3.35) 成立. 综上所述, 对任意 $t, r$, 存在 $\bar{\partial} u = v$ 的一个解 $u_{t,r}$, 使得

$$\int_\Omega |u_{t,r}|^2 e^{-\widehat{\varphi} + \psi} \leqslant (1 + r) \int_\Omega |v|_\Theta^2 e^{-\varphi}.$$

特别地, 我们有

$$\int_{\Omega_t} |u_{t,r}|^2 e^{-\varphi} \leqslant (1 + r) \int_\Omega |v|_\Theta^2 e^{-\varphi}.$$

由 Banach-Alaoglu 定理可知, 对任意 $r$ 存在 $\{u_{t,r}\}_t \subset L^2_{\mathrm{loc}}(\Omega)$ 的弱收敛子列 (当 $t \to \infty$ 时), 使得其弱极限 $u_r$ 满足 $\bar\partial u_r = v$ 于 $\Omega$ 且有

$$\int_\Omega |u_r|^2 e^{-\varphi} \leqslant (1+r) \int_\Omega |v|^2_\Theta e^{-\varphi}.$$

再取 $\{u_r\}$ 在 $L^2_{\mathrm{loc}}(\Omega)$ 中的一个弱极限 $u$ (当 $r \to 0$ 时). 则有 $\bar\partial u = v$ 且

$$\int_\Omega |u|^2 e^{-\varphi} \leqslant \int_\Omega |v|^2_\Theta e^{-\varphi}.$$

对于一般的多次调和函数 $\varphi$, 我们取 $\varphi_{m,\varepsilon} - \max\{\varphi, -m\} + \varepsilon\phi'$, 其中 $m \in \mathbb{Z}^+$, $\varepsilon > 0$, $\phi'$ 为 $\Omega$ 上的非负强多次调和函数且满足 $i\partial\bar\partial\phi' \geqslant \Theta$. 令

$$\Theta_{m,\varepsilon} := \chi_{\{\varphi > -m\}}\Theta + \varepsilon i\partial\bar\partial\phi',$$

其中 $\chi_{\{\varphi > -m\}}$ 为集合 $\{\varphi > -m\}$ 的特征函数. 显然有 $i\partial\bar\partial\varphi_{m,\varepsilon} \geqslant \Theta_{m,\varepsilon}$. 于是对任意 $m, \varepsilon$, 方程 $\bar\partial u = v$ 存在解 $u_{m,\varepsilon}$, 使得

$$\int_\Omega |u_{m,\varepsilon}|^2 e^{-\varphi_{m,\varepsilon}} \leqslant \int_\Omega |v|^2_{\Theta_{m,\varepsilon}} e^{-\varphi_{m,\varepsilon}} \leqslant \varepsilon^{-1}\int_{\varphi \leqslant -m} |v|^2_\Theta e^{-\varphi} + \int_\Omega |v|^2_\Theta e^{-\varphi}$$

(这里虽然 $\Theta_{m,\varepsilon}$ 不一定连续, 但是由于 $|v|^2_{\Theta_{m,\varepsilon}} \leqslant 1/\varepsilon |v|^2_\Theta$, 前面的论证依然可行). 由单调收敛定理可知, 当 $m \to \infty$ 时,

$$\int_{\varphi > -m} |v|^2_\Theta e^{-\varphi} \to \int_\Omega |v|^2_\Theta e^{-\varphi}$$

(注意到 $|\varphi^{-1}(-\infty)| = 0$), 即 $\int_{\varphi \leqslant -m} |v|^2_\Theta e^{-\varphi} \to 0$. 设 $u_\varepsilon$ 为 $\{u_{m,\varepsilon}\}_m \subset L^2_{\mathrm{loc}}(\Omega)$ 的一个弱极限. 则有 $\bar\partial u_\varepsilon = v$ 且

$$\int_\Omega |u_\varepsilon|^2 e^{-\varphi-\varepsilon\phi'} \leqslant \int_\Omega |v|^2_\Theta e^{-\varphi}.$$

最后, 我们只需取 $\{u_\varepsilon\} \subset L^2_{\mathrm{loc}}(\Omega)$ 的一个弱极限即可. □

**定理 3.3.4**　设 $\Omega$ 为 $\mathbb{C}^n$ 中的一个拟凸域, $\varphi$ 为 $\Omega$ 上的一个多次调和函数. 若 $v \in L^2_{(0,1)}(\Omega, \varphi)$ 为一个 $\bar{\partial}$-闭的 $(0,1)$ 形式, 那么 $\bar{\partial}u = v$ 存在解 $u \in L^2_{\mathrm{loc}}(\Omega)$, 使得

$$\int_\Omega |u|^2 (1+|z|^2)^{-2} e^{-\varphi} \leqslant \frac{1}{2} \int_\Omega |v|^2 e^{-\varphi}.$$

**证明**　注意到

$$i\partial\bar{\partial}\log(1+|z|^2) = (1+|z|^2)^{-2}\left((1+|z|^2)i\partial\bar{\partial}|z|^2 - i\partial|z|^2 \wedge \bar{\partial}|z|^2\right)$$

$$\geqslant (1+|z|^2)^{-2} i\partial\bar{\partial}|z|^2.$$

只需将定理 3.3.1 中的 $\varphi$ 用 $\varphi + 2\log(1+|z|^2)$ 代替即得.　　　□

**推论 3.3.5**　设 $\Omega \subset \mathbb{C}^n$ 为一个有界拟凸域, $\varphi$ 为 $\Omega$ 上一个多次调和函数. 若 $v \in L^2_{(0,1)}(\Omega, \varphi)$ 为一个 $\bar{\partial}$-闭的 $(0,1)$ 形式, 那么 $\bar{\partial}u = v$ 存在解 $u \in L^2_{\mathrm{loc}}(\Omega)$, 使得

$$\int_\Omega |u|^2 e^{-\varphi} \leqslant C \int_\Omega |v|^2 e^{-\varphi},$$

其中 $C = \dfrac{1}{2}\sup_\Omega (1+|z|^2)^2$.

注意到 Hörmander 估计神奇地将 $\bar{\partial}$-方程、拟凸域以及多次调和函数这些多复变的核心概念联系在一起. 这样的定理在纯数学中并不多见.

# 第 4 章  Hörmander 估计的应用

## 4.1  全纯函数的构造

在本节我们将探讨 Hörmander 估计在全纯函数的延拓、逼近、除法以及插值中的一些应用. $\bar{\partial}$-方程的一般使用流程如下: 设 $f$ 为定义于区域 $\Omega' \subset \Omega$ 上的一个全纯函数, $\chi$ 为一个截断函数, 使得 $\chi = 1$ 于某个区域 $\Omega'' \subset \Omega'$ 且 $\operatorname{supp}\chi \cap (\partial\Omega' \cap \Omega) = \varnothing$. 若 $u \in L^2_{\mathrm{loc}}(\Omega)$ 为方程

$$\bar{\partial} u = \bar{\partial}(\chi f)$$

的一个弱解, 那么由下面的引理可知 $F := \chi f - u$ 在 $\Omega$ 上全纯. 若 $u = 0$ 于某个集合 $E \subset \Omega''$, 那么 $F|_E = f$.

**引理 4.1.1**(Weyl)  设 $\Omega$ 为 $\mathbb{C}^n$ 中的一个区域. 记 $\mathcal{O}(\Omega)$ 为 $\Omega$ 上的全纯函数全体, 则有

$$\mathcal{O}(\Omega) = \left\{ f \in L^2_{\mathrm{loc}}(\Omega) : \bar{\partial} f = 0 \text{ 在分布意义下成立} \right\}.$$

**证明**  设 $\delta = d(\cdot, \partial\Omega)$. 令

$$\Omega_\varepsilon = \{ z \in \Omega : \delta(z) > \varepsilon \}.$$

设 $f \in L^2_{\mathrm{loc}}(\Omega)$ 满足 $\bar{\partial} f = 0$ 在分布意义下成立. 考虑 $f$ 在 $\Omega_\varepsilon$ 上的光滑化 $f_\varepsilon = f * \theta_\varepsilon$. 由于 $f_\varepsilon \in C^\infty(\Omega_\varepsilon)$ 且满足

$$\frac{\partial f_\varepsilon}{\partial \bar{z}_j}(z) = \int_{\mathbb{C}^n} f(\xi) \frac{\partial \theta_\varepsilon}{\partial \bar{z}_j}(z-\xi) d\xi = -\int_{\mathbb{C}^n} f(\xi) \frac{\partial \theta_\varepsilon}{\partial \bar{\xi}_j}(z-\xi) d\xi = 0, \quad \forall z \in \Omega_\varepsilon,$$

因此 $f_\varepsilon \in \mathcal{O}(\Omega_\varepsilon)$. 由于 $\theta$ 为旋转不变的, 故从全纯函数的均值性质可以推出

$$(f_\varepsilon)_\tau(z) = \int_{\mathbb{C}^n} f_\varepsilon(z-\xi)\theta_\tau(\xi) d\xi = f_\varepsilon(z), \quad \forall z \in \Omega_{\varepsilon+\tau}.$$

另一方面, 我们有

$$\int_{\mathbb{C}^n} f_\varepsilon(z-\xi)\theta_\tau(\xi)d\xi = \int_{\mathbb{C}^n}\int_{\mathbb{C}^n} f(z-\xi-\zeta)\theta_\varepsilon(\zeta)d\zeta\,\theta_\tau(\xi)d\xi$$

$$= \int_{\mathbb{C}^n}\int_{\mathbb{C}^n} f(z-\xi-\zeta)\theta_\tau(\xi)d\xi\,\theta_\varepsilon(\zeta)d\zeta$$

$$= \int_{\mathbb{C}^n} f_\tau(z-\zeta)\theta_\varepsilon(\zeta)d\zeta$$

$$= (f_\tau)_\varepsilon(z)$$

$$= f_\tau(z).$$

于是 $f_\varepsilon = f_\tau$ 于 $\Omega_{\varepsilon+\tau}$. 由于 $f_\tau \to f$ 于 $L^2_{\mathrm{loc}}(\Omega)$, 因此 $f = f_\varepsilon$, a.e., 于 $\Omega_\varepsilon$, $\forall\,\varepsilon > 0$. □

**推论 4.1.2**　设 $\Omega \subset \mathbb{C}^n$ 为一个区域, $v$ 为 $\Omega$ 上的一个 $C^\infty$ $(0,1)$-形式且满足 $\bar\partial v = 0$. 若 $u \in L^2_{\mathrm{loc}}(\Omega)$ 满足 $\bar\partial u = v$ 在分布意义下成立, 则 $u \in C^\infty(\Omega)$.

**证明**　设 $P$ 为 $\Omega$ 中任意一个相对紧的多圆柱. 由 Dolbeault 引理, 存在 $u_0 \in C^\infty(P)$, 使得 $\bar\partial u_0 = v$ 在 $P$ 上成立. 由引理 4.1.1 可知 $u - u_0$ 在 $P$ 上全纯, 从而 $u \in C^\infty(P)$. 由 $P$ 的任意性即得. □

我们先给出著名的 Levi 问题的一个 $L^2$ 证明.

**定理 4.1.3**(Oka-Bremermann-Norguet)　拟凸域必为全纯域.

**证明**　假设 $\Omega$ 非全纯域, 即存在 $\mathbb{C}^n$ 中的区域 $\Omega_1$, $\Omega_2$, 使得

(1) $\varnothing \neq \Omega_1 \subset \Omega_2 \cap \Omega$;

(2) $\Omega_2$ 不包含于 $\Omega$;

(3) 对任意 $f \in \mathcal{O}(\Omega)$, 存在 $\widetilde{f} \in \mathcal{O}(\Omega_2)$, 使得 $\widetilde{f}|_{\Omega_1} = f$.

设 $U$ 为 $\Omega_2 \cap \Omega$ 的包含 $\Omega_1$ 的连通分支. 由唯一性定理可知 $\widetilde{f}|_U = f$. 我们先来证明一个简单的拓扑事实: $\partial U \cap \partial\Omega \cap \Omega_2 \neq \varnothing$. 取 $\zeta^1 \in \Omega_1$ 以及 $\zeta^2 \in \Omega_2\backslash\overline{\Omega}$. 设 $\gamma : [0,1] \to \Omega_2$ 为一条连接 $\zeta^1$ 和 $\zeta^2$ 的曲线. 令

$$t_{\max} = \sup\{t \in [0,1] : \gamma([0,t)) \subset \Omega\}.$$

显然, $t_{\max} < 1$ 且 $\zeta^0 := \gamma(t_{\max}) \in \partial\Omega \cap \partial U$.

记 $B(z, r)$ 为以 $z$ 为心、$r$ 为半径的球. 我们可取 $\zeta_* = \gamma(t_*)$, $t_* < t_{\max}$, 使得

$$\exists z_* \in \partial B(\zeta_*, \delta_\Omega(\zeta_*)) \cap \partial\Omega \cap \Omega_2, \quad \text{其中 } \delta_\Omega(\zeta_*) := d(\zeta_*, \partial\Omega).$$

不失一般性, 我们不妨假设 $z_* = 0$ 而且连接 $z_*$ 和 $\zeta_*$ 的复线可定义为 $H := \{z' = 0'\}$, 其中 $z' := (z_1, \cdots, z_{n-1})$. 设 $\pi : z \mapsto z_n$ 为自然投射. 取 $f_0(z_n) = 1/z_n$. 显然, $\pi^*(f_0)$ 在 $\pi^{-1}(\Omega \cap H)$ 中全纯. 设 $\chi \in C^\infty(\Omega)$ 满足 $\chi = 1$ 于 $\Omega \cap H$ 在 $\Omega$ 中的某邻域, 且 $\chi = 0$ 于 $\Omega \backslash \pi^{-1}(\Omega \cap H)$ 在 $\Omega$ 中某邻域. 那么 $\chi\pi^*(f_0)$ 定义了一个 $\Omega$ 上的光滑函数.

现固定 $\Omega$ 上的一个强多次调和穷竭函数 $\phi$. 取凸增函数 $\lambda \geqslant 0$, 使得

$$\int_\Omega |\pi^*(f_0)\bar{\partial}\chi|^2 e^{-2(n-1)\log|z'| - \lambda \circ \phi} < \infty.$$

由定理 3.3.4 可得方程

$$\bar{\partial}u = \bar{\partial}(\chi\pi^*(f_0))$$

的一个弱解, 使得

$$\int_\Omega |u|^2 (1 + |z|^2)^{-2} e^{-2(n-1)\log|z'| - \lambda \circ \phi} < \infty.$$

由于 $\bar{\partial}u = 0$ 于 $\Omega \cap H$ 在 $\Omega$ 中的某邻域, 故 $u$ 在那里全纯. 再结合前面的可积性质即得 $u|_{\Omega \cap H} = 0$. 于是

$$f := \chi\pi^*(f_0) - u$$

定义了一个 $\Omega$ 上的全纯函数且有 $f|_{\Omega \cap H} = f_0$. 特别地, $f$ 在 0 附近无界. 但是由假设可知 $f$ 可全纯延拓过 0, 这是一个矛盾. □

接下来我们来证明一个经典的逼近定理.

**定理 4.1.4**(Oka-Weil) 设 $\Omega \subset \widetilde{\Omega}$ 为 $\mathbb{C}^n$ 中的两个拟凸域, 那么下列性质等价:

(1) 任意 $f \in \mathcal{O}(\Omega)$ 可以被 $\widetilde{\Omega}$ 上的全纯函数内闭匀敛地逼近;

(2) 对于任意紧集 $K \subset \Omega$, 存在一个 $\widetilde{\Omega}$ 中的连续多次调和穷竭函数 $\rho$, 使得

$$K \subset \{\rho < 0\} \subset \Omega.$$

**证明**    我们先证明 (2) $\Rightarrow$ (1). 取 $c > 0$, 使得 $K \subset \{\rho < -c\}$. 取 $\chi \in C^\infty(\widetilde{\Omega})$ 满足 $\chi = 1$ 于 $\{\rho \leqslant -c/2\}$ 且 $\chi = 0$ 于 $\{\rho \geqslant 0\}$. 取 $\mathbb{R}$ 上的凸增函数 $\lambda$, 使得 $\lambda|_{(-\infty,-c]} = 0$. 显然, $\lambda \circ \rho$ 在 $\widetilde{\Omega}$ 上多次调和.

设 $f \in \mathcal{O}(\Omega)$. 由定理 3.3.4 可知方程

$$\bar{\partial} u = \bar{\partial}(\chi f)$$

存在解, 使得

$$\int_{\widetilde{\Omega}} (1 + |z|^2)^{-2} |u|^2 e^{-\lambda \circ \rho} \leqslant \frac{1}{2} \int_{\widetilde{\Omega}} |\bar{\partial}(\chi f)|^2 e^{-\lambda \circ \rho}$$

$$\leqslant \frac{1}{2} \int_{-\frac{c}{2} \leqslant \rho \leqslant 0} |f|^2 |\bar{\partial}\chi|^2 e^{-\lambda \circ \rho}$$

$$< \varepsilon,$$

只要 $\lambda$ 的增长速度足够快. 于是 $\widetilde{f} := \chi f - u \in \mathcal{O}(\widetilde{\Omega})$ 且满足

$$\int_{\rho \leqslant -c} (1 + |z|^2)^{-2} |\widetilde{f} - f|^2 \leqslant \int_{\widetilde{\Omega}} (1 + |z|^2)^{-2} |u|^2 e^{-\lambda \circ \rho} < \varepsilon.$$

再结合 Cauchy 估计即得

$$\sup_K |\widetilde{f} - f| \leqslant C\sqrt{\varepsilon},$$

故 (1) 成立.

接下来我们证明 (1) $\Rightarrow$ (2). 设 $K$ 为 $\Omega$ 中的一个紧集, $\phi$ 为 $\Omega$ 上一个强多次调和穷竭函数. 取 $c \gg 1$, 使得

$$K \subset \{\phi < c\} =: \Omega_c.$$

令 $L := \overline{\Omega}_{c+2} \backslash \Omega_{c+1}$. 则 $L$ 为一个紧集且有 $K \cap L = \varnothing$. 设 $\zeta \in L$. 因为 $L \cap \overline{\Omega}_c = \varnothing$, 所以存在 $\chi_\zeta \in C_0^\infty(\Omega \backslash \overline{\Omega}_c)$, 使得 $\chi_\zeta = 1$ 于 $\zeta$ 的一个邻域. 取 $\mathbb{R}$ 上的凸增函数 $\lambda$, 使得 $\lambda|_{(-\infty, c]} = 0$. 设 $R$ 为一个待定的正数. 由定理 3.3.4 可知方程

$$\bar{\partial} u = \bar{\partial}(R\chi_\zeta)$$

存在解, 使得

$$\int_\Omega (1 + |z|^2)^{-2} |u|^2 e^{-\lambda \circ \phi - 2n \log |z - \zeta|} \leqslant \frac{R^2}{2} \int_\Omega |\bar{\partial}\chi_\zeta|^2 e^{-\lambda \circ \phi - 2n \log |z - \zeta|} < 1,$$

只要 $\lambda$ 的增长速度足够快. 于是 $f_R := R\chi_\zeta - u \in \mathcal{O}(\Omega)$ 且满足 $f_R(\zeta) = R$, 以及

$$\int_{\Omega_c} (1 + |z|^2)^{-2} |f_R|^2 = \int_{\Omega_c} (1 + |z|^2)^{-2} |u|^2 e^{-\lambda \circ \phi}$$

$$\leqslant C_c \int_{\Omega_c} (1 + |z|^2)^{-2} |u|^2 e^{-\lambda \circ \phi - 2n \log |z - \zeta|}$$

$$\leqslant C_c,$$

其中 $C_c$ 表示一个仅依赖于 $c$ 的常数. 再结合 Cauchy 估计即得

$$\sup_K |f_R| \leqslant C_{K,c},$$

其中常数 $C_{K,c}$ 仅依赖于 $K, c$. 于是当 $R$ 充分大时, 函数 $f := 2f_R/R$ 满足 $f(\zeta) > 1$ 且 $\sup_K |f| < 1$. 由 Heine-Borel 定理可得有限个 $f_1, \cdots, f_m \in \mathcal{O}(\Omega)$, 使得

$$K \subset \left\{ z \in \Omega_{c+2} : \max_j |f_j(z)| < 1 \right\} \subset\subset \Omega_{c+1}.$$

根据 (1) 我们不妨假设 $f_j \in \mathcal{O}(\widetilde{\Omega})$. 令 $\widetilde{\rho} := \max_j |f_j| - 1$. 我们只需取

$$\rho(z) := \begin{cases} \widetilde{\rho} - \dfrac{1}{2} \sup_K \widetilde{\rho}, & \text{于 } \Omega_{c+1}, \\ \max \left\{ -\dfrac{1}{2} \sup_K \widetilde{\rho}, \ \widetilde{\rho} - \dfrac{1}{2} \sup_K \widetilde{\rho} \right\}, & \text{于 } \widetilde{\Omega} \backslash \Omega_{c+1} \end{cases}$$

即可. 　　　　　　　　　　　　　　　　　　　　　　　　　　　□

我们也可以给出著名的 Skoda 除法定理在两个生成元情形的一个简单证明.

**定理 4.1.5**(Skoda)　设 $\Omega$ 为 $\mathbb{C}^n$ 中的一个拟凸域, $\varphi$ 为 $\Omega$ 上的一个多次调和函数. 假设存在 $\alpha > 1$ 以及 $f, g_1, g_2 \in \mathcal{O}(\Omega)$, 使得

$$\int_\Omega \frac{|f|^2}{(|g_1|^2 + |g_2|^2)^{\alpha+1}}\, e^{-\varphi} < \infty,$$

那么存在 $h_1, h_2 \in \mathcal{O}(\Omega)$, 使得 $f = g_1 h_1 + g_2 h_2$, 且有

$$\int_\Omega \frac{|h_1|^2 + |h_2|^2}{(|g_1|^2 + |g_2|^2)^{\alpha}}\, e^{-\varphi} \leqslant \frac{\alpha}{\alpha - 1} \int_\Omega \frac{|f|^2}{(|g_1|^2 + |g_2|^2)^{\alpha+1}}\, e^{-\varphi}.$$

**证明**　记 $g = (g_1, g_2)$. 我们先假定 $|g| > 0$ 于 $\Omega$. 令

$$\begin{cases} h_1 = f\bar{g}_1/|g|^2 - ug_2, \\ h_2 = f\bar{g}_2/|g|^2 + ug_1, \end{cases}$$

以及 $h = (h_1, h_2)$. 显然, $g \cdot h = f$. 要使得 $h$ 全纯, $u$ 必须满足下面的方程组

$$\begin{cases} g_2\bar{\partial}u = f\bar{\partial}(\bar{g}_1/|g|^2), \\ g_1\bar{\partial}u = -f\bar{\partial}(\bar{g}_2/|g|^2). \end{cases}$$

事实上, 上面的方程组可以简化为一个方程

$$\bar{\partial}u = \overline{(g_2\partial g_1 - g_1\partial g_2)}\, f/|g|^4 =: v.$$

注意到

$$\partial\bar{\partial}\log|g|^2 = |g|^{-4}(g_2\partial g_1 - g_1\partial g_2) \wedge \overline{(g_2\partial g_1 - g_1\partial g_2)}.$$

在定理 3.3.1 中将 $\varphi$ 用 $\varphi + (\alpha-1)\log|g|^2$ 代替可得方程 $\bar{\partial}u = v$ 的一个解, 使得

$$\int_\Omega |u|^2|g|^{-2(\alpha-1)}e^{-\varphi} \leqslant \int_\Omega |v|^2_{(\alpha-1)i\partial\bar{\partial}\log|g|^2}|g|^{-2(\alpha-1)}e^{-\varphi}$$

$$\leqslant \frac{1}{\alpha-1}\int_\Omega |f|^2|g|^{-2(\alpha+1)}e^{-\varphi}.$$

因为

$$|h|^2 = |h_1|^2 + |h_2|^2 = |f|^2/|g|^2 + |u|^2|g|^2,$$

所以

$$\int_\Omega |h|^2|g|^{-2\alpha}e^{-\varphi} \leqslant \int_\Omega |f|^2|g|^{-2(\alpha+1)}e^{-\varphi} + \int_\Omega |u|^2|g|^{-2(\alpha-1)}e^{-\varphi}$$

$$\leqslant \frac{\alpha}{\alpha-1}\int_\Omega |f|^2|g|^{-2(\alpha+1)}e^{-\varphi}.$$

对于一般情形, 我们根据上面的论证可以找到拟凸域 $\widehat{\Omega} = \Omega\backslash\{g_1 = 0\}$ 上的一个全纯映射 $h$ 满足 $f = g\cdot h$ 以及

$$\int_{\widehat{\Omega}} |h|^2|g|^{-2\alpha}e^{-\varphi} \leqslant \frac{\alpha}{\alpha-1}\int_\Omega |f|^2|g|^{-2(\alpha+1)}e^{-\varphi}.$$

由 $L^2$ Riemann 可去奇性定理知 $h$ 可以全纯延拓至 $\Omega$. 此即为我们要寻找的全纯映射. □

定理 4.1.5 在任意个生成元情形下的证明要复杂得多, 但是基本原理还是相同的.

最后我们来解一个插值问题. 设 $\varphi$ 是 $\mathbb{C}$ 上的次调和函数, 令

$$A^2(\mathbb{C},\varphi) := \left\{ f\in\mathcal{O}(\mathbb{C}) : \int_{\mathbb{C}} |f|^2e^{-\varphi} < \infty \right\}.$$

**插值问题**  设 $\Gamma := \{a_j\}$ 为 $\mathbb{C}$ 中的离散子集, $\{c_j\}$ 为一个复数列且满足 $\sum_{j=1}^\infty |c_j|^2 e^{-\varphi(a_j)} < \infty$. 何时存在 $f\in A^2(\mathbb{C}^n,\varphi)$ 使得 $f(a_j) = c_j$?
我们有以下结果:

**定理 4.1.6**(Berndtsson-Ortega)  假设下面两个条件满足:

(1) $\Gamma$ 是一致离散的, 即 $\inf_{j\neq k}|a_j - a_k| > 0$;

(2) $\varphi_{z\bar{z}}$ 在 $\mathbb{C}$ 中有界, 并存在 $r > 0$ 和 $\delta > 0$, 使得

$$\frac{|\Gamma\cap\Delta(z,r)|}{r^2} \leqslant \varphi_{z\bar{z}} - \delta, \quad \forall z\in\mathbb{C}, \tag{4.1}$$

其中 $\Delta(z,r)$ 表示以 $z$ 为心、$r$ 为半径的圆盘, $|\Gamma \cap \Delta(z,r)|$ 表示集合 $\Gamma \cap \Delta(z,r)$ 中的元素个数.

那么 $A^2(\mathbb{C}, \varphi)$ 中的插值问题存在解.

**证明**　令

$$\varepsilon_0 := \frac{1}{2} \inf_{j \neq k} |a_j - a_k|.$$

记 $\Delta_j = \Delta(a_j, \varepsilon_0)$. 显然, 这些 $\Delta_j$ 互不相交. 我们首先来构造 $f_j \in \mathcal{O}(\Delta_j)$, 使得 $f_j(a_j) = c_j$ 且

$$|f_j(z)|^2 e^{-\varphi(z)} \leqslant C|c_j|^2 e^{-\varphi(a_j)}, \quad \forall \, z \in \Delta_j, \tag{4.2}$$

其中 $C$ 是一个与 $j$ 无关的常数. 在 $\Delta_j$ 上作 Riesz 分解如下

$$\varphi = h_j + \varphi_j,$$

其中 $h_j$ 是调和函数, 且 $|\varphi_j| \leqslant C'$, 这里常数 $C'$ 仅与 $\sup |\varphi_{z\bar{z}}|$ 有关. 取 $H_j \in \mathcal{O}(\Delta_j)$, 使得 $h_j = 2\operatorname{Re} H_j$. 若令 $G_j = H_j - H_j(a_j)$, 那么 $f_j := c_j e^{G_j}$ 就满足 (4.2), 其中 $C = e^{2C'}$.

取截断函数 $\chi : \mathbb{R} \to [0,1]$, 使得 $\chi|_{[1,\infty)} = 0$ 且 $\chi|_{(-\infty, 1/2]} = 1$. 若令

$$g := \sum_{j=1}^{\infty} \chi(|\cdot - a_j|/\varepsilon_0) f_j,$$

则有 $g(a_j) = c_j$, 且由 (4.2) 可知

$$\int_{\mathbb{C}} |g|^2 e^{-\varphi} \leqslant C\pi \varepsilon_0^2 \sum_{j=1}^{\infty} |c_j|^2 e^{-\varphi(a_j)}. \tag{4.3}$$

定义

$$\phi_j(z) := \begin{cases} \log \dfrac{|z - a_j|^2}{r^2} + 1 - \dfrac{|z - a_j|^2}{r^2}, & |z - a_j| < r, \\ 0, & |z - a_j| \geqslant r, \end{cases}$$

其中 $r$ 使得 (4.1) 成立. 若令 $\phi := \sum_{j=1}^{\infty} \phi_j$, 则有 $\phi \leqslant 0$ (注意到 $\log x \leqslant x - 1$ 于 $\mathbb{R}^+$) 且

$$\phi_{z\bar{z}} \geqslant -\frac{|\Gamma \cap \Delta(z, r)|}{r^2},$$

使得函数 $\psi := \phi + \varphi$ 满足 $\psi_{z\bar{z}} \geqslant \delta$. 于是方程 $\partial u/\partial \bar{z} = \partial g/\partial \bar{z}$ 存在解满足估计

$$\begin{aligned}
\int_{\mathbb{C}} |u|^2 e^{-\psi} &\leqslant \int_{\mathbb{C}} |\partial g/\partial \bar{z}|^2 e^{-\psi}/\psi_{z\bar{z}} \\
&\leqslant \frac{1}{\delta} \int_{\mathbb{C}} |\partial g/\partial \bar{z}|^2 e^{-\psi} \\
&\leqslant \frac{C_1}{\delta} \sum_{j=1}^{\infty} |c_j|^2 e^{-\varphi(a_j)} < \infty,
\end{aligned} \tag{4.4}$$

其中常数 $C_1$ 仅与 $\varepsilon_0, r$ 以及 $\sup |\varphi_{z\bar{z}}|$ 有关. 由于在每个 $a_j$ 附近成立 $\phi \sim \log |z - a_j|^2$, 故 $u(a_j) = 0$. 若令 $f := g - u$, 则有 $f \in \mathcal{O}(\mathbb{C})$ 且 $f(a_j) = c_j$. 由于 $\psi \leqslant \varphi$, 因此从 (4.3) 和 (4.4) 可以推出

$$\int_{\mathbb{C}} |f|^2 e^{-\varphi} \lesssim \sum_{j=1}^{\infty} |c_j|^2 e^{-\varphi(a_j)} < \infty. \qquad \square$$

若取 $\varphi = \alpha |z|^2$ ($\alpha > 0$), 则有如下推论:

**推论 4.1.7**(Seip-Wallstén)  设 $\Gamma$ 一致离散且满足

$$\limsup_{r \to \infty} \sup_{z \in \mathbb{C}} \frac{|\Gamma \cap \Delta(z, r)|}{r^2} < \alpha,$$

那么 $A^2(\mathbb{C}, \alpha|z|^2)$ 中的插值问题存在解.

事实上, Seip-Wallstén 证明了在一致离散条件下上面的结果反过来也成立.

## 4.2　多次调和函数的奇性

为了简单起见, 我们总假设多次调和函数不恒等于 $-\infty$. 首先我们来证明下面的基本定理.

**定理 4.2.1**(Bombieri)　若 $\varphi$ 为区域 $\Omega \subset \mathbb{C}^n$ 上的一个多次调和函数, 那么集合

$$E := \left\{ z \in \Omega : e^{-\varphi} \text{ 在 } z \text{ 的任何邻域不可积} \right\}$$

为 $\Omega$ 的一个解析子集.

**证明**　由于解析子集是局部性质, 因此不妨设 $\Omega$ 是一个有界拟凸域 (例如球). 令

$$A^2(\Omega, \varphi) = \left\{ f \in \mathcal{O}(\Omega) : \int_\Omega |f|^2 e^{-\varphi} < \infty \right\},$$

以及 $S = \bigcap_{f \in A^2(\Omega,\varphi)} f^{-1}(0)$. 我们只需验证 $E = S$. 对于每个 $a \in E$, 我们有 $f(a) = 0, \forall f \in A^2(\Omega, \varphi)$, 故 $E \subset S$. 另一方面, 对任意 $a \in \Omega \backslash E$, 存在 $a$ 的一个邻域 $U$, 使得 $e^{-\varphi} \in L^1(U)$. 取 $\kappa \in C_0^\infty(U)$, 使得 $\kappa = 1$ 于 $a$ 的一个邻域. 由推论 3.3.5 可知, 方程 $\bar{\partial} u = \bar{\partial} \kappa$ 存在解满足估计

$$\int_\Omega |u|^2 e^{-\varphi - 2n \log |z-a|} \leqslant C \int_\Omega |\bar{\partial}\kappa|^2 e^{-\varphi - 2n \log |z-a|} < \infty.$$

于是 $f := \kappa - u \in \mathcal{O}(\Omega)$ 且满足 $f(a) = 1$, 以及

$$\int_\Omega |f|^2 e^{-\varphi} < \infty.$$

故 $a \in \Omega \backslash S, \forall a \in \Omega \backslash E$, 即 $S \subset E$.　□

Skoda 和萧荫堂进一步发展了 Bombieri 的方法, 尤其是萧荫堂证明了一个多次调和函数的 Lelong 数的水平集 (level set) 为一个解析集,

从而解决了 Lelong 的一个猜想. 在后面我们将给出 Demailly 关于萧定理的一个简单证明.

为了简单起见, 我们记 $PSH(\Omega)$ 为 $\Omega$ 上的多次调和函数全体, $PSH^-(\Omega)$ 为 $\Omega$ 上负多次调和函数全体. 一个集合 $E \subset \Omega$ 称为一个多极集若对任意 $a \in E$, 存在 $a$ 的一个邻域 $U \subset \Omega$ 以及 $\psi \in PSH(\Omega)$, 使得 $E \cap U \subset \psi^{-1}(-\infty)$.

下面的定理表明了多次调和函数的可积性在某种意义下是半连续的.

**定理 4.2.2**[9]   设 $U$ 为 $\mathbb{C}^n$ 中的有界拟凸域, $\varphi_j, \varphi \in PSH^-(U)$, $e^{-\varphi} \in L^1(U)$. 假设存在一个闭多极集 $E \subset U$, 使得 $e^{-\varphi_j} \to e^{-\varphi}$ 于 $L^1_{\mathrm{loc}}(U \backslash E)$. 那么对任意开集 $V \subset\subset U$, 存在 $j_0 \in \mathbb{Z}^+$, 使得

$$\int_V e^{-\varphi_j} \leqslant 2 \int_U e^{-\varphi}, \quad \forall j \geqslant j_0.$$

我们先证明下面的逼近引理.

**引理 4.2.3**   设 $V \subset\subset U$ 为两个有界拟凸域, $\varphi_j, \varphi \in PSH^-(U)$. 假设存在一个闭多极集 $E \subset \Omega$, 使得 $e^{-\varphi_j} \to e^{-\varphi}$ 于 $L^1_{\mathrm{loc}}(U \backslash E)$, 那么对任意 $f \in A^2(U, \varphi)$, 存在 $f_j \in A^2(V, \varphi_j)$, 使得

$$\limsup_{j \to \infty} \|f_j\|_{L^2(V, \varphi_j)} \leqslant \|f\|_{L^2(U, \varphi)} \quad 且 \quad \lim_{j \to \infty} \|f_j - f\|_{L^2(V)} = 0.$$

**证明**   取 $\varrho \in PSH(U)$, 使得 $\varrho|_E = -\infty$ 以及 $\varrho < -2e$ 于 $\overline{V}$. 对 $\delta \ll 1$, 令

$$\varrho_\delta(z) = \varrho * \theta_\delta(z) + \delta|z|^2.$$

那么 $\{\varrho_\delta\}$ 为 $\overline{V}$ 上一族单调递减的强多次调和函数, 满足 $\varrho_\delta < -e$ 于 $\overline{V}$, $\forall \delta \ll 1$. 由于 $\varrho$ 上半连续且满足 $\varrho|_E = -\infty$, 故对任意 $\varepsilon > 0$,

$$U_\varepsilon := \{z \in U : \varrho(z) < -\exp\exp(1/\varepsilon) - 1\}$$

为 $E$ 在 $U$ 中的一个邻域. 取 $\delta = \delta(\varepsilon) \ll 1$, 使得

$$\varrho_\delta < -\exp\exp(1/\varepsilon) \quad 于 \quad \overline{V} \cap \overline{U}_\varepsilon.$$

于是
$$\{z \in \overline{V} : \varrho_\delta(z) \geqslant -\exp\exp(1/\varepsilon)\} \subset \overline{V}\backslash U_\varepsilon. \tag{4.5}$$
令
$$\psi = -\log(-\varrho_\delta) \quad \text{以及} \quad \phi = -1/\psi.$$
显然, $\phi \in PSH(V)$, $0 < \phi < 1$. 由于 $i\partial\bar\partial\psi \geqslant i\partial\psi \wedge \bar\partial\psi$, 故
$$i\partial\bar\partial\phi \geqslant \psi^{-2}i\partial\psi \wedge \bar\partial\psi = i\partial\log(-\psi) \wedge \bar\partial\log(-\psi). \tag{4.6}$$
设 $\chi : \mathbb{R} \to [0,1]$ 为一个截断函数, 使得 $\chi|_{[0,\infty)} = 0$ 且 $\chi|_{(-\infty,-\log 2]} = 1$.
令
$$\lambda_\varepsilon = \chi(\log\log(-\psi) + \log\varepsilon), \quad 0 < \varepsilon \ll 1.$$
由 (4.6) 可知
$$|\bar\partial\lambda_\varepsilon|^2_{i\partial\bar\partial\phi} \leqslant (\sup|\chi'|^2)|\log(-\psi)|^{-2}. \tag{4.7}$$
由定理 3.3.1 可知方程 $\bar\partial u = f\bar\partial\lambda_\varepsilon$ 存在解 $u_{j,\varepsilon}$, 使得
$$
\begin{aligned}
e^{-1}\int_V |u_{j,\varepsilon}|^2 e^{-\varphi_j} &\leqslant \int_V |u_{j,\varepsilon}|^2 e^{-\varphi_j-\phi} \\
&\leqslant \int_V |f|^2 |\bar\partial\lambda_\varepsilon|^2_{i\partial\bar\partial\phi} e^{-\varphi_j-\phi} \\
&\leqslant C_0\varepsilon^2 \int_{\overline{V}\backslash U_\varepsilon} |f|^2 e^{-\varphi_j},
\end{aligned}
\tag{4.8}
$$
其中最后一个不等式由 (4.5) 和 (4.7) 推出, 而 $C_0 > 0$ 为一个绝对常数.

由于 $\displaystyle\int_{\overline{V}\backslash U_\varepsilon} |e^{-\varphi_j} - e^{-\varphi}| \to 0$ 以及 $f \in L^\infty(V)$, 因此
$$\int_{\overline{V}\backslash U_\varepsilon} |f|^2 e^{-\varphi_j} \to \int_{\overline{V}\backslash U_\varepsilon} |f|^2 e^{-\varphi}. \tag{4.9}$$
令 $f_{j,\varepsilon} = \lambda_\varepsilon f - u_{j,\varepsilon}$. 显然, $f_{j,\varepsilon} \in \mathcal{O}(V)$. 由于 $\varphi_j$ 以及 $\varphi$ 均为负函数, 故
由 (4.8) 以及 (4.9) 可知, 当 $j \geqslant j_\varepsilon \gg 1$ 时成立
$$\|f_{j,\varepsilon}\|_{L^2(V,\varphi_j)} \leqslant (1 + C_0\varepsilon)\|f\|_{L^2(U,\varphi)},$$

$$\|f_{j,\varepsilon} - f\|_{L^2(V)}^2 \leqslant 2 \int_{\{\log(-\psi) \geqslant \frac{1}{2\varepsilon}\}} |f|^2 + C_0 \varepsilon^2 \int_U |f|^2 e^{-\varphi}.$$

因为

$$\left\{ \log(-\psi) \geqslant \frac{1}{2\varepsilon} \right\} = \{\varrho_\delta \leqslant -\exp\exp(1/2\varepsilon)\} \subset \{\varrho \leqslant -\exp\exp(1/2\varepsilon)\},$$

所以

$$\limsup_{\varepsilon \to 0} \int_{\{\log(-\psi) \geqslant \frac{1}{2\varepsilon}\}} |f|^2 \leqslant \int_{\varrho^{-1}(-\infty)} |f|^2 = 0$$

(这里注意到 $\varrho^{-1}(-\infty)$ 是零测集). 最后只需取 $\{f_{j,\varepsilon}\}$ 的一个子列即可. $\quad\square$

**定理 4.2.2 的证明**　取拟凸域 $W$, 使得 $V \subset\subset W \subset\subset U$. 由引理 4.2.3 可知存在一列 $f_j \in \mathcal{O}(W)$, 使得

$$\int_W |f_j|^2 e^{-\varphi_j} \leqslant \frac{3}{2} \int_U e^{-\varphi}, \quad \forall j \geqslant j_0 \gg 1,$$

且 $\|f_j - 1\|_{L^2(W)} \to 0 \ (j \to \infty)$. 于是当 $j \geqslant j_0 \gg 1$ 时有 $|f_j| \geqslant 3/4$ 于 $V$, 使得

$$\int_V e^{-\varphi_j} \leqslant 2 \int_U e^{-\varphi}.$$

$\quad\square$

**推论 4.2.4**(Phong-Sturm)　设 $U$ 为 $\mathbb{C}^n$ 中的有界拟凸域, $F_j, F$ 为 $U$ 到 $\mathbb{C}^m$ 的全纯映射, 使得 $\int_U |F|^{-c} < \infty$, $c > 0$, 且 $F_j$ 内闭匀敛于 $F$. 那么对任意开集 $V \subset\subset U$, 存在 $j_0 \in \mathbb{Z}^+$, 使得

$$\int_V |F_j|^{-c} \leqslant 2 \int_U |F|^{-c}, \quad \forall j \geqslant j_0.$$

**证明**　取 $E = F^{-1}(0)$, $\varphi = c\log|F|$ 以及 $\varphi_j = c\log|F_j|$. 此时显然有 $e^{-\varphi_j} \to e^{-\varphi}$ 于 $L^1_{\text{loc}}(U \backslash E)$. 故由定理 4.2.2 即得. $\quad\square$

**推论 4.2.5**(开性定理)  设 $U$ 为 $\mathbb{C}^n$ 中的一个有界拟凸域, $V$ 为 $U$ 的一个相对紧开子集, $\varphi \in PSH^-(U)$ 满足 $\displaystyle\int_U e^{-\varphi} < \infty$, 则存在 $p > 1$, 使得 $\displaystyle\int_V e^{-p\varphi} < \infty$.

**证明**  取拟凸域 $W$, 使得 $V \subset\subset W \subset\subset U$. 令

$$E := \left\{ z \in U : e^{-2\varphi} \text{ 在 } z \text{ 的任何邻域不可积} \right\}.$$

由定理 4.2.1 可知 $E$ 为一个解析子集; 特别地, $E$ 为一个闭多极集. 令 $\varphi_j = (1 + 1/j)\varphi$. 由于 $e^{-\varphi_j} \leqslant e^{-2\varphi} \in L^1_{\text{loc}}(U \backslash E)$, $\varphi_j \to \varphi$ 以及 $1 \in A^2(U, \varphi)$, 因此由控制收敛定理以及定理 4.2.2 即得.   □

开性定理原本是 Demailly 与 Kollár 的一个猜想. Berndtsson[3] 解决了这个猜想. 他的方法基于其关于 Bergman 核的对数多次调和性的工作. 随后，关启安与周向宇[18] 用 Ohsawa-Takegoshi 延拓定理给出了开性定理的一个新证明. 他们的方法可以进一步证明下面的定理.

**定理 4.2.6**(强开性定理)  设 $U, V, \varphi$ 如推论 4.2.5. 若 $f \in A^2(U, \varphi)$, 那么存在 $p > 1$, 使得 $f \in A^2(V, p\varphi)$.

# 第 5 章 Hörmander 估计的一些变形

Hörmander 估计的第一个重要的变形是下面的定理:

**定理 5.1** (Donnelly-Fefferman) 设 $\Omega$ 为 $\mathbb{C}^n$ 中的一个拟凸域, $\varphi \in PSH(\Omega)$. 假设 $\psi$ 为 $\Omega$ 上的一个强多次调和函数, 使得对于某个 $r > 0$ 成立

$$ri\partial\bar{\partial}\psi \geqslant i\partial\psi \wedge \bar{\partial}\psi, \tag{5.1}$$

那么方程 $\bar{\partial}u = v$, 其中 $\bar{\partial}v = 0$, 存在一个解, 使得

$$\int_\Omega |u|^2 e^{-\varphi} \leqslant C_0 r \int_\Omega |v|^2_{i\partial\bar{\partial}\psi} e^{-\varphi}, \tag{5.2}$$

其中 $C_0$ 为一个绝对常数.

Berndtsson 进一步证明了下面的定理:

**定理 5.2** 设 $\Omega$ 为 $\mathbb{C}^n$ 中的一个拟凸域, $\varphi \in PSH(\Omega)$. 假设 $\psi$ 为 $\Omega$ 上的一个强多次调和函数, 使得 (5.1) 对某个 $0 < r < 1$ 成立, 那么方程 $\bar{\partial}u = v$, 其中 $\bar{\partial}v = 0$, 存在一个解, 使得

$$\int_\Omega |u|^2 e^{\psi-\varphi} \leqslant \frac{1}{(1-\sqrt{r})^2} \int_\Omega |v|^2_{i\partial\bar{\partial}\psi} e^{\psi-\varphi}. \tag{5.3}$$

在定理 5.2 中将 $\varphi, \psi$ 分别用 $\varphi + \psi/2r, \psi/2r$ 代替即得定理 5.1.

**定义 5.3** 设 $\Omega$ 为 $\mathbb{C}^n$ 中的一个拟凸域, $\varphi \in PSH(\Omega)$. 设 $v \in L^2_{(0,1)}(\Omega, \mathrm{loc})$ 满足 $\bar{\partial}v = 0$. 称 $\bar{\partial}u = v$ 的一个解 $u_{\min}$ 为 $L^2(\Omega, \varphi)$-极小解, 若 $u_{\min} \in L^2(\Omega, \varphi)$ 且 $u_{\min} \perp \mathrm{Ker}\,\bar{\partial}$. 换句话说, $u_{\min}$ 是方程 $\bar{\partial}u = v$ 的所有 $L^2(\Omega, \varphi)$-解中范数达到最小值的那个解.

**定理 5.2 的证明** 这里给出的证明属于 Berndtsson-Charpentier. 首先假设 $\Omega$ 有界而且 $\psi$ 在 $\overline{\Omega}$ 上强多次调和. 设 $u_{\min}$ 为 $\bar{\partial}u = v$ 的

$L^2(\Omega, \varphi)$-极小解. 不妨设 (5.3) 的右边有限. 由于

$$\int_{\Omega} |v|^2 e^{-\varphi} \leqslant C_{\psi} \int_{\Omega} |v|^2_{i\partial\bar{\partial}\psi} e^{\psi-\varphi} < \infty,$$

其中 $C_{\psi}$ 代表一个依赖于 $\psi$ 的常数, 故从推论 3.3.5 可知 $u_{\min}$ 存在. 因为 $\|\cdot\|_{\varphi}$ 等价于 $\|\cdot\|_{\varphi+\psi}$, 所以 $u_{\min}e^{\psi} \perp \mathrm{Ker}\,\bar{\partial}$ 于 $L^2(\Omega, \varphi+\psi)$, 即 $u_{\min}e^{\psi}$ 是方程

$$\bar{\partial}u = \bar{\partial}(u_{\min}e^{\psi})$$

的 $L^2(\Omega, \varphi+\psi)$-极小解. 结合定理 3.3.1 即得

$$\int_{\Omega} |u_{\min}|^2 e^{\psi-\varphi}$$

$$\leqslant \int_{\Omega} |\bar{\partial}(u_{\min}e^{\psi})|^2_{i\partial\bar{\partial}\psi} e^{-\psi-\varphi}$$

$$\leqslant (1+1/\tau) \int_{\Omega} |v|^2_{i\partial\bar{\partial}\psi} e^{\psi-\varphi} + (1+\tau) \int_{\Omega} |\bar{\partial}\psi|^2_{i\partial\bar{\partial}\psi} |u_{\min}|^2 e^{\psi-\varphi}.$$

由于 $|\bar{\partial}\psi|^2_{i\partial\bar{\partial}\psi} \leqslant r$ 以及 $\int_{\Omega} |u_{\min}|^2 e^{\psi-\varphi} \leqslant C_{\psi} \int_{\Omega} |u_{\min}|^2 e^{-\varphi} < \infty$, 故

$$\int_{\Omega} |u_{\min}|^2 e^{\psi-\varphi} \leqslant \frac{1+1/\tau}{1-(1+\tau)r} \int_{\Omega} |v|^2_{i\partial\bar{\partial}\psi} e^{\psi-\varphi}, \quad \text{若 } (1+\tau)r < 1. \quad (5.4)$$

注意到

$$\frac{1+1/\tau}{1-(1+\tau)r} = \frac{1}{1+r - \left(\dfrac{1}{1+\tau} + (1+\tau)r\right)}$$

在 $1+\tau = 1/\sqrt{r}$ 时达到最小值 $1/(1-\sqrt{r})^2$.

对于一般情形, 可以取 $\Omega$ 的一个相对紧拟凸子集穷竭列 $\{\Omega_j\}$. 我们已经证明了 $\bar{\partial}u = v$ 的 $L^2(\Omega_j, \varphi)$-极小解 $u^j_{\min}$ 满足估计

$$\int_{\Omega_j} |u^j_{\min}|^2 e^{\psi-\varphi} \leqslant \frac{1}{(1-\sqrt{r})^2} \int_{\Omega} |v|^2_{i\partial\bar{\partial}\psi} e^{\psi-\varphi}.$$

取 $\{u^j_{\min}\}$ 的一个子列, 使得其弱收敛于某个 $u \in L^2_{\mathrm{loc}}(\Omega)$. 显然, $u$ 为所求的解. $\qquad\square$

Blocki 得到了 (5.3) 中的最佳常数为 $4r/(1-r)^2$. 注意到

$$\frac{1}{(1-\sqrt{r})^2} \sim \frac{4r}{(1-r)^2} \quad (r \to 1-).$$

另一方面, 前面给出的证明事实上在 $\varphi \in C^2(\Omega)$ 时得到了更强的估计

$$\int_\Omega |u|^2 e^{\psi-\varphi} \leqslant \frac{1}{(1-\sqrt{r})^2} \int_\Omega |v|^2_{i\partial\bar\partial(\varphi+\psi)} e^{\psi-\varphi}.$$

特别地, 若取 $\psi = 0$ 并且让 $r \to 0$, 则有

$$\int_\Omega |u|^2 e^{-\varphi} \leqslant \int_\Omega |v|^2_{i\partial\bar\partial\varphi} e^{-\varphi},$$

即重新得到了 Hörmander 估计.

作为一个应用, 我们来证明下面的 $L^2$ Riemann 可去奇性定理.

**定理 5.4**(Carleson $(n=1)$, Siciak (一般的 $n$))　设 $\Omega$ 为 $\mathbb{C}^n$ 中的一个区域, $E$ 为 $\Omega$ 中的一个闭多极集. 那么 $\Omega\backslash E$ 上的任意 $L^2$ 全纯函数可唯一地延拓为 $\Omega$ 上的 $L^2$ 全纯函数.

**证明**　由于 $L^2$ 可去奇性为局部性质, 因此不妨假设 $\Omega$ 为一个球, 且 $E \subset \psi^{-1}(-\infty)$, 其中 $\psi < -1$ 为 $\overline{\Omega}$ 的一个邻域 $U$ 上的多次调和函数. 令

$$\psi_j(z) := \psi * \theta_{1/j}(z) + |z|^2/j.$$

当 $j \gg 1$ 时, $\psi_j$ 在 $\overline{\Omega}$ 上强多次调和且满足 $\psi_j \downarrow \psi$ 以及 $\psi_j < -1$. 由 $\psi$ 的上半连续性以及 $\psi|_E = -\infty$ 可知, 存在 $U$ 的开子集 $U_k \supset E$, 使得 $\psi < -k-1$ 于 $\overline{\Omega} \cap \overline{U}_k$. 于是当 $j \geqslant j_k \gg 1$ 时有

$$\{z \in \overline{\Omega} : \psi_j(z) \geqslant -k\} \subset \overline{\Omega}\backslash U_k.$$

现取截断函数 $\chi : \mathbb{R} \to [0,1]$, 使得 $\chi|_{(-\infty,-\log 2]} = 1$ 且 $\chi|_{[0,\infty)} = 0$. 设 $f \in A^2(\Omega\backslash E)$. 由前面的包含关系可知, 当 $j \geqslant j_k \gg 1$ 时有

$$\eta_{k,j} := \chi(\log(-\psi_j) - \log k) f \in C^\infty(\Omega).$$

由定理 5.1可知, 方程 $\bar{\partial}u = \bar{\partial}\eta_{k,j}$ 存在解 $u_{k,j}$, 使得

$$\int_{\Omega} |u_{k,j}|^2 \leqslant C_0 \int_{\Omega} |\bar{\partial}\eta_{k,j}|^2_{i\partial\bar{\partial}(-\log(-\psi_j))} \leqslant C_0 \sup |\chi'|^2 \int_{-k\leqslant\psi_j\leqslant-k/2} |f|^2.$$

于是 $f_{k,j} := \eta_{k,j} - u_{k,j} \in \mathcal{O}(\Omega)$ 且满足

$$\|f_{k,j}\|_{L^2(\Omega)} \leqslant (1 + \sqrt{C_0}\sup|\chi'|)\|f\|_{L^2(\Omega)}, \tag{5.5}$$

$$\|f_{k,j} - f\|_{L^2(\Omega)} \leqslant (1 + \sqrt{C_0}\sup|\chi'|)\left(\int_{\psi_j\leqslant-k/2} |f|^2\right)^{1/2}$$

$$\leqslant (1 + \sqrt{C_0}\sup|\chi'|)\left(\int_{\psi\leqslant-k/2} |f|^2\right)^{1/2}. \tag{5.6}$$

第一个不等式隐含了 $\{f_{k,j}\}$ 是一个正规族, 故存在一个子列内闭匀敛于某个 $\tilde{f} \in A^2(\Omega)$. 由于

$$\{\psi \leqslant -k/2\} \downarrow \psi^{-1}(-\infty) \quad (k \uparrow \infty)$$

而且后者是零测集, 故从 (5.6) 以及 Fatou 引理可以推出 $\tilde{f} = f$ 于 $\Omega \backslash E$. □

接下来我们给出 Morrey-Kohn-Hörmander 公式的两个变形.

**命题 5.5**(Ohsawa-Takegoshi) 设 $\eta > 0$ 为 $\Omega$ 上的一个 $C^{\infty}$ 函数, $\varphi$ 为 $\Omega$ 上的一个 $C^2$ 实值函数, 那么对任意 $f \in \mathcal{D}_{(0,1)}(\Omega)$, 有

$$\int_{\Omega} \eta|\bar{\partial}f|^2 e^{-\varphi} + \int_{\Omega} \eta|\bar{\partial}^*_{\varphi}f|^2 e^{-\varphi}$$

$$= \sum_{j,k} \int_{\Omega} \left(\eta\frac{\partial^2\varphi}{\partial z_j\partial\bar{z}_k} - \frac{\partial^2\eta}{\partial z_j\partial\bar{z}_k}\right) f_j\bar{f}_k e^{-\varphi}$$

$$+ \sum_{j,k} \int_{\Omega} \eta\left|\frac{\partial f_j}{\partial\bar{z}_k}\right|^2 e^{-\varphi} + 2\mathrm{Re}\int_{\Omega} \left(\sum_j f_j\frac{\partial\eta}{\partial z_j}\right)\overline{\bar{\partial}^*_{\varphi}f}\, e^{-\varphi}. \tag{5.7}$$

**证明**　下面的简单证明属于萧荫堂. 令 $\psi = \log \eta$ 以及 $\widehat{\varphi} = \varphi - \psi$. 在 Morrey-Kohn-Hörmander 公式中将 $\varphi$ 用 $\widehat{\varphi}$ 代替即得

$$
\int_\Omega \eta |\bar\partial f|^2 e^{-\varphi} + \int_\Omega |\bar\partial_{\widehat\varphi}^* f|^2 e^{-\widehat\varphi}
$$
$$
= \sum_{j,k} \int_\Omega \frac{\partial^2 \widehat\varphi}{\partial z_j \partial \bar z_k} f_j \bar f_k e^{-\widehat\varphi} + \sum_{j,k} \int_\Omega \eta \left| \frac{\partial f_j}{\partial \bar z_k} \right|^2 e^{-\varphi}. \tag{5.8}
$$

因为

$$
\bar\partial_{\widehat\varphi}^* f = \bar\partial_\varphi^* f - \sum_j f_j \partial\psi/\partial z_j = \bar\partial_\varphi^* f - \sum_j \eta^{-1} f_j \partial\eta/\partial z_j,
$$

所以

$$
\int_\Omega |\bar\partial_{\widehat\varphi}^* f|^2 e^{-\widehat\varphi} = \int_\Omega \eta |\bar\partial_\varphi^* f|^2 e^{-\varphi} + \int_\Omega \eta^{-1} \left| \sum_j f_j \partial\eta/\partial z_j \right|^2 e^{-\varphi}
$$
$$
- 2\mathrm{Re} \int_\Omega \left( \sum_j f_j \partial\eta/\partial z_j \right) \overline{\bar\partial_\varphi^* f}\, e^{-\varphi}. \tag{5.9}
$$

同时注意到

$$
\frac{\partial^2 \widehat\varphi}{\partial z_j \partial \bar z_k} = \frac{\partial^2 \varphi}{\partial z_j \partial \bar z_k} - \frac{\partial^2 \psi}{\partial z_j \partial \bar z_k}
$$
$$
= \frac{\partial^2 \varphi}{\partial z_j \partial \bar z_k} - \eta^{-1} \frac{\partial^2 \eta}{\partial z_j \partial \bar z_k} + \eta^{-2} \frac{\partial \eta}{\partial z_j} \overline{\frac{\partial \eta}{\partial z_k}}. \tag{5.10}
$$

将 (5.9) 以及 (5.10) 代入 (5.8) 即得 (5.7).　　　　　　　　　□

设 $\kappa > 0$ 为 $\Omega$ 上的另一个光滑函数. 由 Cauchy-Schwarz 不等式可得

$$
\int_\Omega \eta |\bar\partial f|^2 e^{-\varphi} + \int_\Omega (\eta + \kappa) |\bar\partial_\varphi^* f|^2 e^{-\varphi}
$$
$$
\geqslant \int_\Omega \left\{ \sum_{j,k} \left( \eta \frac{\partial^2 \varphi}{\partial z_j \partial \bar z_k} - \frac{\partial^2 \eta}{\partial z_j \partial \bar z_k} \right) f_j \bar f_k - \kappa^{-1} \left| \sum_j f_j \partial\eta/\partial z_j \right|^2 \right\} e^{-\varphi}.
$$

类似于定理 3.3.1, 我们可以证明下面的定理:

**定理 5.6**(Ohsawa-Takegoshi)　设 $\Omega$ 为 $\mathbb{C}^n$ 中的拟凸域, $\varphi \in PSH(\Omega)$. 假设存在 $\Omega$ 上有界光滑函数 $\eta, \kappa > 0$, 使得

$$\eta i\partial\bar\partial\varphi - i\partial\bar\partial\eta - \kappa^{-1}i\partial\eta \wedge \bar\partial\eta \geqslant \Theta,$$

其中 $\Theta$ 为 $\Omega$ 上一个连续正 $(1,1)$-形式. 若 $v$ 为 $\Omega$ 上一个 $\bar\partial$-闭的 $(0,1)$ 形式且满足

$$\int_\Omega |v|^2_\Theta e^{-\varphi} < \infty,$$

那么方程 $\bar\partial u = v$ 存在解 $u \in L^2_{\mathrm{loc}}(\Omega)$, 使得

$$\int_\Omega (\eta+\kappa)^{-1}|u|^2 e^{-\varphi} \leqslant \int_\Omega |v|^2_\Theta e^{-\varphi}.$$

命题 5.5 的一个等价描述是下面的命题:

**命题 5.7**(Berndtsson)　对任意 $f \in \mathcal{D}_{(0,1)}(\Omega)$, 有

$$\int_\Omega \eta|\bar\partial f|^2 e^{-\varphi} + 2\mathrm{Re}\int_\Omega \eta\,\bar\partial\bar\partial^*_\varphi f \cdot \bar f\, e^{-\varphi}$$

$$= \sum_{j,k}\int_\Omega \left(\eta\frac{\partial^2\varphi}{\partial z_j\partial\bar z_k} - \frac{\partial^2\eta}{\partial z_j\partial\bar z_k}\right) f_j\bar f_k e^{-\varphi}$$

$$+ \sum_{j,k}\int_\Omega \eta\left|\frac{\partial f_j}{\partial\bar z_k}\right|^2 e^{-\varphi} + \int_\Omega \eta|\bar\partial^*_\varphi f|^2 e^{-\varphi}. \tag{5.11}$$

**证明**　由于 $\bar\partial^*_\varphi(\eta f) = \eta\bar\partial^*_\varphi f - \sum_j f_j\frac{\partial\eta}{\partial z_j}$, 故

$$2\mathrm{Re}\int_\Omega \eta\,\bar\partial\bar\partial^*_\varphi f \cdot \bar f\, e^{-\varphi} = 2\mathrm{Re}\int_\Omega \bar\partial^*_\varphi f \cdot \overline{\bar\partial^*_\varphi(\eta f)}\, e^{-\varphi}$$

$$= 2\int_\Omega \eta|\bar\partial^*_\varphi f|^2 e^{-\varphi} - 2\mathrm{Re}\int_\Omega \left(\sum_j f_j\frac{\partial\eta}{\partial z_j}\right)\overline{\bar\partial^*_\varphi f}\, e^{-\varphi}.$$

因此 (5.11) 即为 (5.7).　　　　　　　　　　　　　　　　　□

# 第 6 章　拟凸域上的 $L^2$ 延拓定理

## 6.1　Ohsawa-Takegoshi 延拓定理

**定理 6.1.1**(Ohsawa-Takegoshi[25])　设 $\Omega$ 为 $\mathbb{C}^n$ 中的拟凸域, $H$ 为 $\mathbb{C}^n$ 的一个复超平面且满足 $\sup_{z\in\Omega} d(z,H) < \infty$. 那么对任意 $\varphi \in PSH(\Omega)$ 以及 $f \in A^2(\Omega \cap H, \varphi)$, 存在 $F \in \mathcal{O}(\Omega)$, 使得 $F|_{\Omega\cap H} = f$ 且

$$\int_\Omega |F|^2 e^{-\varphi} \leqslant C \int_{\Omega\cap H} |f|^2 e^{-\varphi},$$

其中常数 $C$ 仅依赖于 $\sup_{z\in\Omega} d(z,H)$.

定理 6.1.1 结合数学归纳法即得下面的定理:

**定理 6.1.2**　设 $\Omega$ 为 $\mathbb{C}^n$ 中的有界拟凸域, $H$ 为 $\mathbb{C}^n$ 中的一个复仿射子空间. 那么对任意 $\varphi \in PSH(\Omega)$ 以及 $f \in A^2(\Omega \cap H, \varphi)$, 存在 $F \in \mathcal{O}(\Omega)$, 使得 $F|_{\Omega\cap H} = f$ 且

$$\int_\Omega |F|^2 e^{-\varphi} \leqslant C \int_{\Omega\cap H} |f|^2 e^{-\varphi},$$

其中常数 $C$ 仅依赖于 $n, \operatorname{diam}\Omega$.

接下来我们给出定理 6.1.1 的证明. 通过一个仿射变换, 不妨设 $H = \{z_n = 0\}$ 以及 $\sup_\Omega |z_n|^2 < e^{-1}$. 我们只需证明一个更弱的命题:

**命题 6.1.3**　设 $\Omega$ 为 $\mathbb{C}^n$ 中的一个有界光滑拟凸域, $\varphi$ 为 $\overline{\Omega}$ 上的一个强多次调和函数, $f \in \mathcal{O}(V)$, 其中 $V$ 为 $\overline{\Omega\cap H}$ 在 $H$ 中的一个邻域. 那么存在 $F \in \mathcal{O}(\Omega)$, 使得 $F|_{\Omega\cap H} = f$ 且

$$\int_\Omega |F|^2 e^{-\varphi} \leqslant C_0 \int_V |f|^2 e^{-\varphi}, \tag{6.1}$$

其中 $C_0$ 为一个绝对常数.

我们首先从命题 6.1.3 推出延拓定理 (定理 6.1.1). 取光滑拟凸域 $\Omega_j \subset\subset \Omega,\ j = 1, 2, \cdots$, 使得 $\overline{\Omega}_j \subset \Omega_{j+1}$ 且 $\Omega = \bigcup \Omega_j$. 再取 $\Omega_{j+1}$ 上的强多次调和函数 $\varphi_j$, 使得 $\varphi_j \downarrow \varphi$. 由命题 6.1.3 可知, 对任意 $j \in \mathbb{Z}^+$ 存在 $F_j \in \mathcal{O}(\Omega_j)$, 使得 $F_j|_{\Omega_j \cap H} = f$ 且

$$\int_{\Omega_j} |F_j|^2 e^{-\varphi_j} \leqslant C_0 \int_{\Omega_{j+1} \cap H} |f|^2 e^{-\varphi_j} \leqslant C_0 \int_{\Omega \cap H} |f|^2 e^{-\varphi}.$$

于是 $\{F_j\}$ 构成一个正规族, 从而某个子列的弱极限即为所求延拓.

Ohsawa-Takegoshi 关于命题 6.1.3 的原始证明基于定理 5.6. 这里给出的证明取自本书作者未发表的论文 [7]. 我们将利用 Hörmander 估计直接推出命题 6.1.3. 为了更好地理解这个证明, 我们先来分析为何 Hörmander 估计的常规应用会失效. 注意到当 $\varepsilon \ll 1$ 时有

$$(\partial V \cap \{|z_n| < \varepsilon\}) \cap \Omega = \varnothing.$$

于是 $\chi(|z_n|^2/\varepsilon^2)\pi^* f$ 为 $f$ 在 $\Omega$ 上的一个光滑延拓. 这里

$$\pi : z = (z_1, \cdots, z_n) \mapsto z' = (z_1, \cdots, z_{n-1})$$

为自然投射, 而 $\chi : \mathbb{R} \to [0, 1]$ 为截断函数且满足 $\chi|_{[1,\infty)} = 0$ 以及 $\chi|_{(-\infty, 1/2]} = 1$. 为了使

$$F = \chi(|z_n|^2/\varepsilon^2)\pi^* f - u$$

成为所求延拓, 我们只需解下面的方程

$$\bar{\partial} u = \bar{\partial}\left[\chi(|z_n|^2/\varepsilon^2)\pi^* f\right] =: v_\varepsilon, \tag{6.2}$$

使得 $u|_{\Omega \cap H} = 0$ 且

$$\int_\Omega |u|^2 e^{-\varphi} \leqslant C_0 \int_V |f|^2 e^{-\varphi}.$$

由定理 3.3.1 可知, 当 $i\partial\bar{\partial}\widehat{\varphi} \geqslant \Theta$ 时, 方程 (6.2) 存在解满足估计

$$\int_\Omega |u|^2 e^{-\widehat{\varphi}} \leqslant \int_\Omega |v_\varepsilon|_\Theta^2 e^{-\widehat{\varphi}}.$$

为了保证 $u|_{\Omega\cap H} = 0$, 我们自然会尝试取 $\widehat{\varphi} = \varphi + \log|z_n|^2 + \psi$ 以及 $\Theta = i\partial\bar{\partial}\psi$. 于是关键是估计前面不等式的右边项. 最简单的情形是取 $\psi = |z_n|^2$. 由 Fubini 定理可得

$$\int_\Omega |v_\varepsilon|_\Theta^2 e^{-\widehat{\varphi}} \leqslant C_0\varepsilon^{-2} \int_V |f|^2 e^{-\varphi}.$$

这个估计当然很糟糕. 为了去掉多余的因子 $\varepsilon^{-2}$, 我们希望函数 $\psi(z) = \psi(z_n)$ 在 $z_n = 0$ 附近增长缓慢而 $\dfrac{\partial^2\psi}{\partial z_n\partial\bar{z}_n}$ 足够大, 例如

$$\psi(z_n) = -r\log\left[-\log(\varepsilon^2 + |z_n|^2)\right], \quad r > 0.$$

直接计算可得

$$\int_\Omega |v_\varepsilon|_\Theta^2 e^{-\widehat{\varphi}} \leqslant C_r|\log\varepsilon|^{1+r} \int_V |f|^2 e^{-\varphi}.$$

尽管这个估计比上一个估计好了一个数量级, 但是只有当 $r = -1$ 时才真正有效! 注意到从 $r > 0$ 转换为 $r < 0$ 的技巧曾经在定理 5.2 的证明中出现过.

事实上, 把定理 5.2 的证明思想的本质提炼出来即得下面的引理:

**引理 6.1.4** 设 $\Omega$ 为一个有界拟凸域, $\varphi \in PSH(\Omega)$, $\phi$ 为 $\Omega$ 上的一个 $C^2$ 有界多次调和函数. 那么方程 $\bar{\partial}u = v$ 的 $L^2(\Omega, \varphi)$-极小解 $u_{\min}$ 满足对任意 $0 < \kappa \in C(\Omega)$ 成立

$$\int_\Omega |u_{\min}|^2 e^{\phi-\varphi}\left(1 - |\bar{\partial}\phi|_{i\partial\bar{\partial}\phi}^2 - \kappa\chi_{\mathrm{supp}\,v}|\bar{\partial}\phi|_{i\partial\bar{\partial}\phi}^2\right) \leqslant \int_\Omega (1+\kappa^{-1})|v|_{i\partial\bar{\partial}\phi}^2 e^{\phi-\varphi}.$$

$$(6.3)$$

**证明**   因为 $u_{\min} \perp A^2(\Omega, \varphi)$ 且 $\phi$ 有界, 所以 $u_{\min} e^{\phi} \perp A^2(\Omega, \varphi + \phi)$. 由定理 3.3.1 可知

$$
\int_{\Omega} |u_{\min}|^2 e^{\phi - \varphi} \leqslant \int_{\Omega} |\bar{\partial}(u_{\min} e^{\phi})|^2_{i\partial\bar{\partial}\phi} e^{-\varphi - \phi} = \int_{\Omega} |v + u_{\min}\, \bar{\partial}\phi|^2_{i\partial\bar{\partial}\phi} e^{\phi - \varphi}
$$

$$
\leqslant \int_{\Omega} (1 + \kappa^{-1}) |v|^2_{i\partial\bar{\partial}\phi} e^{\phi - \varphi} + \int_{\Omega} |\bar{\partial}\phi|^2_{i\partial\bar{\partial}\phi} |u_{\min}|^2 e^{\phi - \varphi}
$$

$$
+ \int_{\operatorname{supp} v} \kappa |\bar{\partial}\phi|^2_{i\partial\bar{\partial}\phi} |u_{\min}|^2 e^{\phi - \varphi}.
$$

整理后即得 (6.3).                                                                   □

在上面引理中取 $\kappa = 1$, $\phi = -\log\left[-\log(|z_n|^2 + \varepsilon^2)\right]$, 同时将 $\varphi$ 由 $\varphi + \log|z_n|^2$ 代替. 直接计算可得

$$
1 - |\bar{\partial}\phi|^2_{i\partial\bar{\partial}\phi} = \frac{\varepsilon^2 |\log(\varepsilon^2 + |z_n|^2)|}{|z_n|^2 + \varepsilon^2 |\log(\varepsilon^2 + |z_n|^2)|}.
$$

这样说明 (6.3) 的左边项不可能超过

$$
\int_{\Omega} e^{-\varphi} |u_{\min}|^2 \frac{\varepsilon^2}{|z_n|^2 [|z_n|^2 + \varepsilon^2 |\log(\varepsilon^2 + |z_n|^2)|]},
$$

从而不可能 $\geqslant$ 常数 $\cdot \displaystyle\int_{\Omega} |u_{\min}|^2 e^{-\varphi}$. 令人惊异的是, 若将 $\phi$ 的取法略微调整为

$$
\phi = -\log\left\{-\left[\log(\varepsilon^2 + |z_n|^2) - \log(-\log(\varepsilon^2 + |z_n|^2))\right]\right\},
$$

那么就可以证明命题 6.1.3!

## 6.2   命题 6.1.3 的证明

令

$$
\rho = \log(|z_n|^2 + \varepsilon^2), \quad \eta = -\rho + \log(-\rho), \quad \phi = -\log\eta.
$$

若 $\varepsilon \ll 1$, 则 $-\rho \geqslant 1$ 于 $\Omega$. 由于

$$\partial \bar{\partial} \phi = -\frac{\partial \bar{\partial} \eta}{\eta} + \frac{\partial \eta \wedge \bar{\partial} \eta}{\eta^2}$$

$$= (1 + (-\rho)^{-1})\frac{\partial \bar{\partial} \rho}{\eta} + \frac{\partial \rho \wedge \bar{\partial} \rho}{\eta \rho^2} + \frac{\partial \eta \wedge \bar{\partial} \eta}{\eta^2}, \qquad (6.4)$$

以及 $\partial \rho = -(1 - 1/\rho)^{-1}\partial \eta$, 故有

$$i\partial \bar{\partial} \phi \geqslant \frac{\partial \rho \wedge \bar{\partial} \rho}{\eta \rho^2} + \frac{\partial \eta \wedge \bar{\partial} \eta}{\eta^2}$$

$$= \left[1 + \frac{\eta}{(-\rho + 1)^2}\right]\frac{i\partial \eta \wedge \bar{\partial} \eta}{\eta^2},$$

使得

$$|\bar{\partial} \phi|^2_{i\partial \bar{\partial} \phi} \leqslant \left[1 + \frac{\eta}{(-\rho + 1)^2}\right]^{-1}. \qquad (6.5)$$

因为

$$i\partial \bar{\partial} \phi \geqslant \frac{i\partial \bar{\partial} \rho}{\eta} = \frac{\varepsilon^2 i dz_n \wedge d\bar{z}_n}{\eta(|z_n|^2 + \varepsilon^2)^2}, \qquad (6.6)$$

所以当 $\varepsilon \ll 1$ 时, 在 $\mathrm{supp}\, v_\varepsilon$ 上成立

$$|\bar{\partial} \phi|^2_{i\partial \bar{\partial} \phi} \leqslant \frac{1}{\eta^2}\left(1 - \frac{1}{\rho}\right)^2 \frac{|z_n|^2}{(|z_n|^2 + \varepsilon^2)^2}\frac{\eta(|z_n|^2 + \varepsilon^2)^2}{\varepsilon^2} \leqslant \frac{4}{\eta}. \qquad (6.7)$$

(6.6) 结合 Fubini 定理即得

$$\int_\Omega |v_\varepsilon|^2_{i\partial \bar{\partial} \phi} e^{\phi - \varphi - \log|z_n|^2} \leqslant \int_{\varepsilon^2/2 \leqslant |z_n|^2 \leqslant \varepsilon^2} |\chi'|^2 \frac{|z_n|^2}{\varepsilon^4}\frac{\eta(|z_n|^2 + \varepsilon^2)^2}{\varepsilon^2}\frac{|f|^2}{\eta|z_n|^2} e^{-\varphi}$$

$$\leqslant C_0 \int_V |f|^2 e^{-\varphi}, \quad \forall \varepsilon \ll 1. \qquad (6.8)$$

在引理 6.1.4 中取 $\kappa = r$ $(0 < r < 1)$, 将 $\varphi$ 用 $\varphi + \log|z_n|^2$ 代替, 再结合 (6.6) $\sim$ (6.8) 可知方程 $\bar{\partial} u = v_\varepsilon$ 存在解满足估计

$$\int_\Omega \left[\frac{\dfrac{\eta}{(-\rho + 1)^2}}{1 + \dfrac{\eta}{(-\rho + 1)^2}} - \frac{4r}{\eta}\right]\frac{|u|^2}{|z_n|^2}e^{\phi - \varphi} \leqslant (1 + r^{-1})C_0 \int_V |f|^2 e^{-\varphi}. \quad (6.9)$$

因 $\eta \asymp -\rho\ (\varepsilon \to 0)$, 故可取 $r \ll 1$, 使得上式左边项 $\geqslant c_0 \int_\Omega \dfrac{|u|^2}{|z_n|^2 \rho^2} e^{-\varphi}$, 其中 $c_0 \ll 1$ 为一个绝对常数. 于是 $F = \chi(|z_n|^2/\varepsilon^2)f - u \in \mathcal{O}(\Omega)$ 且满足 $F|_{\Omega \cap H} = f$, 以及

$$\int_\Omega \frac{|F|^2}{|z_n|^2(-\log|z_n|^2)^2} e^{-\varphi} \leqslant C_0' \int_V |f|^2 e^{-\varphi}. \tag{6.10}$$

$\square$

**注**　(6.10) 比 (6.1) 要略微强一点, 由 Demailly 首次给出.

## 6.3　应　　用

设 $\Omega$ 为 $\mathbb{C}^n$ 中的一个有界区域, $\varphi$ 为 $\Omega$ 上的一个上半连续函数. 令 $A^2(\Omega, \varphi) = L^2(\Omega, \varphi) \cap \mathcal{O}(\Omega)$. 设 $\{h_j\}$ 为 $A^2(\Omega, \varphi)$ 的一个完备正交基. 我们称

$$K_\varphi(z, w) = K_{\Omega, \varphi}(z, w) := \sum_j h_j(z)\overline{h_j(w)}$$

为 $\Omega$ 上的加权 Bergman 核. 记 $K_\varphi(z) := K_\varphi(z, z)$. 则有

$$K_\varphi(z) = \sup\left\{|f(z)|^2 : f \in A^2(\Omega, \varphi) \text{ 且满足 } \|f\|_\varphi := \|f\|_{L^2(\Omega, \varphi)} = 1\right\}.$$

定义 $\varphi$ 在点 $z \in \Omega$ 的 Lelong 数为

$$\nu_z(\varphi) := \lim_{r \to 0+} \frac{\sup\limits_{B(z, r)} \varphi}{\log r}.$$

我们有下面重要的逼近定理.

**定理 6.3.1**(Demailly)　设 $\Omega$ 为 $\mathbb{C}^n$ 中的一个有界拟凸域, $\varphi \in PSH$ $(\Omega)$. 令 $\varphi_t(z) := \dfrac{1}{t}\log K_{t\varphi}(z)$, $t > 0$. 则有

(1) $\varphi(z) - C/t \leqslant \varphi_t(z) \leqslant \sup_{|\zeta - z| < r} \varphi(\zeta) + \dfrac{1}{t}\log\dfrac{n!/\pi^n}{r^{2n}}$, 其中 $r < d(z, \partial\Omega)$, $C$ 仅依赖于 $n, \operatorname{diam}\Omega$;

(2) $\nu_z(\varphi) - 2n/t \leqslant \nu_z(\varphi_t) \leqslant \nu_z(\varphi)$.

**证明**　(1) 设 $f \in A^2(\Omega, t\varphi)$. 由多次调和函数的次均值性质可得

$$|f(z)|^2 \leqslant \frac{1}{\pi^n r^{2n}/n!} \int_{B(z,r)} |f|^2$$

$$\leqslant \frac{1}{\pi^n r^{2n}/n!} \exp\left[t \sup_{B(z,r)} \varphi\right] \int_{B(z,r)} |f|^2 e^{-t\varphi}.$$

于是

$$\varphi_t(z) = \sup_f \frac{1}{t} \log \frac{|f(z)|^2}{\|f\|_{t\varphi}^2} \leqslant \sup_{B(z,r)} \varphi + \frac{1}{t} \log \frac{n!/\pi^n}{r^{2n}}.$$

另一方面, 我们将定理 6.1.2 应用至零维复仿射子空间 $\{z\}$ 即得 $f \in \mathcal{O}(\Omega)$, 使得 $f(z) = 1$ 且

$$\int_\Omega |f|^2 e^{-t\varphi} \leqslant C e^{-t\varphi(z)},$$

其中 $C$ 仅依赖于 $n, \mathrm{diam}\,\Omega$. 于是

$$\varphi_t(z) \geqslant \frac{1}{t} \log \frac{|f(z)|^2}{\|f\|_{t\varphi}^2} \geqslant \varphi(z) - \frac{\log C}{t}.$$

(2) 由前面论述可知, 存在常数 $C_1, C_2$, 使得

$$\sup_{B(z,r)} \varphi - \frac{C_1}{t} \leqslant \sup_{B(z,r)} \varphi_t \leqslant \sup_{B(z,2r)} \varphi + \frac{1}{t} \log \frac{C_2}{r^{2n}}.$$

将上面不等式除以 $\log r$ 再令 $r \to 0+$ 即得.　　　　□

作为一个直接推论, 我们可得下面的著名结果.

**推论 6.3.2**(萧荫堂)　设 $\Omega$ 为 $\mathbb{C}^n$ 中有界拟凸域, $\varphi \in PSH(\Omega)$, 那么对任意 $c > 0$, 集合

$$E_c := \{z \in \Omega : \nu_z(\varphi) \geqslant c\}$$

为 $\Omega$ 的一个解析子集.

**证明**　由定理 6.3.1(2) 可知, 对于某个 $t_0 \gg 1$,

$$E_c = \bigcap_{t \geqslant t_0} E_{c-2n/t}(\varphi_t),$$

因此只需对任意 $c > 0$ 证明 $E_c(\varphi_t)$ 为 $\Omega$ 的解析子集. 注意到若 $\psi = \log|f|$, 其中 $f \in A^2(\Omega, t\varphi)$, 则

$$\nu_z(\psi) = \mathrm{ord}_z f = \sup\{k \in \mathbb{Z}^+ : D^\alpha f(z) = 0, \, \forall |\alpha| < k\},$$

其中 $D^\alpha = \partial^{|\alpha|}/\partial z_1^{\alpha_1} \cdots \partial z_n^{\alpha_n}$, 从而

$$E_c(\psi) = \bigcap_{|\alpha| < c} \{D^\alpha f = 0\}$$

为解析子集. 因为

$$\nu_z(\varphi_t) = \inf_{f \in A^2(\Omega, t\varphi)} \nu_z\left(\frac{1}{t} \log \frac{|f|^2}{\|f\|_{t\varphi}^2}\right),$$

所以

$$E_c(\varphi_t) = \bigcap_{f \in A^2(\Omega, t\varphi)} E_c\left(\frac{1}{t} \log \frac{|f|^2}{\|f\|_{t\varphi}^2}\right)$$

也为解析子集.　　　　　　　　　　　　　　　　　　　　　　　　　□

接下来我们证明下面的多次调和函数收敛定理.

**定理 6.3.3** (Demailly-Kollár[12])　设 $U$ 为 $\mathbb{C}^n$ 中的一个有界拟凸域, $\varphi_j, \varphi \in PSH(U)$ 且满足 $e^{-\varphi} \in L^1_{\mathrm{loc}}(U)$, $\varphi_j \to \varphi$, a.e., 以及 $\|\varphi_j - \varphi\|_{L^1(U)} \to 0$. 那么对任意开集 $V \subset\subset U$ 以及 $c < 1$, 有

$$\int_V \left|e^{-c\varphi_j} - e^{-c\varphi}\right| \to 0. \tag{6.11}$$

定理 6.3.3 结合开性定理可以得到一个更强的结论:

$$\int_V \left|e^{-\varphi_j} - e^{-\varphi}\right| \to 0. \tag{6.12}$$

事实上, 取 $p > 1$ 以及拟凸域 $U'$ 使得 $V \subset\subset U' \subset\subset U$ 且有

$$\int_{U'} e^{-p\varphi} < \infty.$$

在定理 6.3.3 中将 $\varphi$ 用 $p\varphi$ 代替, $U$ 用 $U'$ 代替, 以及取 $c = 1/p < 1$ 即得 (6.12).

**定理 6.3.3 的证明**　　因为 $\|\varphi_j - \varphi\|_{L^1(U)} \to 0$, 所以 $\sup_j \|\varphi_j\|_{L^1(U)} < \infty$. 故由次均值性质可知 $\{\varphi_j\}$ 在 $U$ 上内闭一致有上界. 对于任意 $j, m \in \mathbb{Z}^+$, 取 $A^2(U, m\varphi_j)$ 的一个完备正交基 $\{f_{j,m,k}\}_k$. 由定理 6.3.1 可知

$$\varphi_j(z) - \frac{C_1}{m} \leqslant \frac{1}{m} \log \sum_k |f_{j,m,k}(z)|^2 \leqslant \sup_{B(z,r)} \varphi_j + \frac{1}{m} \log \frac{C_2}{r^{2n}}, \quad (6.13)$$

其中 $r < d(z, \partial U)$, $C_1, C_2$ 仅依赖于 $n, \operatorname{diam} U$. 于是对于固定的 $m, k$, $\{f_{j,m,k}\}_j$ 在 $U$ 上内闭一致有界, 从而存在子列内闭匀敛于某个 $f_{m,k} \in \mathcal{O}(U)$, 且由 (6.13) 可得

$$\varphi(z) - \frac{C_1}{m} \leqslant \frac{1}{m} \log \sum_k |f_{m,k}(z)|^2, \quad \text{a.e.}, \ z \in U.$$

取拟凸域 $U'$, 使得 $V \subset\subset U' \subset\subset U$. 由强 Noether 性质 (见 [13], 第 90 页) 可知, 存在 $k_m \in \mathbb{Z}^+$, 使得

$$\varphi(z) - C_m \leqslant \frac{1}{m} \log \sum_{k \leqslant k_m} |f_{m,k}(z)|^2, \quad \text{a.e.}, \ z \in U'. \quad (6.14)$$

这里我们用 $C_m$ 表示任意一个仅依赖于 $m$ 的常数. 于是

$$\int_{U'} \left[ \sum_{k \leqslant k_m} |f_{m,k}|^2 \right]^{-1/m} \leqslant C_m \int_U e^{-\varphi}.$$

另一方面, 由推论 4.2.4 可知, 存在 $j_m \in \mathbb{Z}^+$, 使得当 $j \geqslant j_m$ 时成立

$$\int_V \left[ \sum_{k \leqslant k_m} |f_{j,m,k}|^2 \right]^{-1/m} \leqslant C_m < \infty.$$

因为

$$\int_V |f_{j,k,m}|^2 e^{-m\varphi_j} \leqslant \int_U |f_{j,k,m}|^2 e^{-m\varphi_j} = 1,$$

所以由 Hölder 不等式可知

$$\int_V \exp\left(-\frac{m}{m+1}\varphi_j\right)$$

$$\leqslant \left[\int_V \sum_{k \leqslant k_m} |f_{j,m,k}|^2 e^{-m\varphi_j}\right]^{\frac{1}{m+1}} \left[\int_V \left(\sum_{k \leqslant k_m} |f_{j,m,k}|^2\right)^{-\frac{1}{m}}\right]^{\frac{m}{m+1}}$$

$$\leqslant C_m.$$

由于 $\dfrac{m}{m+1} \to 1 \ (m \to \infty)$, 故而对任意 $c < 1$, 存在 $j_c \in \mathbb{Z}^+$, 使得当 $j \geqslant j_c$ 时成立

$$\int_V e^{-c\varphi_j} \leqslant C_c.$$

取 $\delta > 0$, 使得 $(1+\delta)c < 1$. 则对任意 $R > 0$, 有

$$\int_{V \cap \{e^{-c\varphi_j} > R\}} e^{-c\varphi_j} = \int_{V \cap \{e^{-c\varphi_j} > R\}} e^{-(1+\delta)c\varphi_j + \delta c\varphi_j}$$

$$\leqslant R^{-\delta} \int_V e^{-(1+\delta)c\varphi_j} \leqslant C_{c,\delta} R^{-\delta}.$$

另一方面, 由控制收敛定理可得

$$\int_V \left| \chi_{\{e^{-c\varphi_j} \leqslant R\}} e^{-c\varphi_j} - \chi_{\{e^{-c\varphi} \leqslant R\}} e^{-c\varphi} \right| \to 0 \quad (j \to \infty).$$

从前面两个不等式即可推出 (6.11).　　　　　　　　　　　　　　　　$\square$

　　令人惊异的是, $L^2$ 延拓定理可以推出下面的 $L^p \ (p < 2)$ 延拓定理.

　　**定理 6.3.4** (Berndtsson-Păun)　设 $\Omega$ 为 $\mathbb{C}^n$ 中的拟凸域, $H$ 为 $\mathbb{C}^n$ 中的一个复超平面且满足 $\sup_{z \in \Omega} d(z, H) < \infty$. 那么对任意 $\varphi \in PSH(\Omega)$

以及 $f \in A^p(\Omega \cap H, \varphi)$, 其中 $0 < p < 2$, 存在 $F \in \mathcal{O}(\Omega)$, 使得 $F|_{\Omega \cap H} = f$ 且

$$\int_\Omega |F|^p e^{-\varphi} \leqslant C \int_{\Omega \cap H} |f|^p e^{-\varphi},$$

其中常数 $C$ 与定理 6.1.1 中的常数相同.

**证明**　类似于 $L^2$ 情形, 我们可以假设存在有界拟凸域 $\Omega_1 \supset \overline{\Omega}$, $\varphi$ 在 $\overline{\Omega}_1$ 上强多次调和, $f$ 定义于 $\overline{\Omega_1 \cap H}$ 在 $H$ 中的一个邻域. 由定理 6.1.1 可知 $f$ 可以延拓为 $\Omega_1$ 上的一个全纯函数 $F_1$. 显然, $A := \int_\Omega |F_1|^2 e^{-\varphi} < \infty$. 为了简单起见, 我们设 $\int_{\Omega \cap H} |f|^p e^{-\varphi} = 1$. 在定理 6.1.1 中取权函数 $\varphi_1 := \varphi + \left(1 - \dfrac{p}{2}\right) \log |F_1|^2$ 即得 $f$ 的一个新延拓 $F_2 \in \mathcal{O}(\Omega)$, 使得

$$\int_\Omega |F_2|^2 e^{-\varphi_1} \leqslant C \int_{\Omega \cap H} |f|^2 e^{-\varphi_1},$$

即

$$\int_\Omega \frac{|F_2|^2}{|F_1|^{2-p}} e^{-\varphi} \leqslant C \int_{\Omega \cap H} \frac{|f|^2}{|F_1|^{2-p}} e^{-\varphi} = C \int_{\Omega \cap H} \frac{|f|^2}{|f|^{2-p}} e^{-\varphi}$$

$$= C \int_{\Omega \cap H} |f|^p e^{-\varphi} = C.$$

另一方面, 应用 Hölder 不等式 $\left( \left(\dfrac{2}{p}\right)^{-1} + \left(\dfrac{2}{2-p}\right)^{-1} = 1 \right)$ 可得

$$\int_\Omega |F_2|^p e^{-\varphi} = \int_\Omega \frac{|F_2|^p e^{-p\varphi/2}}{|F_1|^{(1-\frac{p}{2})p}} \left( |F_1|^{(1-\frac{p}{2})p} e^{-(1-\frac{p}{2})\varphi} \right)$$

$$\leqslant \left[ \int_\Omega \frac{|F_2|^2}{|F_1|^{2-p}} e^{-\varphi} \right]^{p/2} \left[ \int_\Omega |F_1|^p e^{-\varphi} \right]^{1-p/2}$$

$$\leqslant C^{p/2} A^{1-p/2} = A(C/A)^{p/2}.$$

重复上面的过程, 我们可以找到一列 $f$ 的延拓 $F_j \in \mathcal{O}(\Omega)$, $j = 1, 2, \cdots$, 使得

$$\int_{\Omega} |F_j|^p e^{-\varphi} \leqslant A_{j-1}(C/A_{j-1})^{p/2} =: A_j.$$

注意到若 $A_j > C$, 则有 $A_{j+1} < A_j$. 若存在某个 $A_{j_0} \leqslant C$, 那么我们就取所求延拓为 $F_{j_0}$. 否则, 所有的 $A_j > C$, 此时, $A_j \to C$, 因此只需取 $\{F_j\}$ 的某一个内闭匀敛子列的极限即可.                                          □

   **注**   当 $p > 2$ 时, 相应的 $L^p$ 延拓定理一般来说不成立.

# 第 7 章　Kähler 流形与 Hermitian 线丛

## 7.1　Kähler 流形

本节内容主要参考文献 [23].

设 $M$ 为一个 $n$-维复流形, $g$ 为 $M$ 上的一个 Hermitian 度量. 在局部坐标 $(z_1, \cdots, z_n)$ 下, $g$ 可以表示为

$$g = \sum_{j,k=1}^{n} g_{jk} dz_j \otimes d\bar{z}_k,$$

其中 $\{g_{jk}\}$ 是一个 Hermitian 正定矩阵. 称 $\omega = i \sum g_{jk} dz_j \wedge d\bar{z}_k$ 为 $g$ 的基本形式.

**定义 7.1.1**　如果 $d\omega = 0$, 则称 $g$ (或 $\omega$) 为 $M$ 上的 Kähler 度量. 此时称 $(M, g)$ (或 $(M, \omega)$) 为一个 Kähler 流形.

**命题 7.1.2**　下面性质等价:

(1) $(M, g)$ 为 Kähler 流形;

(2) $\partial g_{jk}/\partial z_l = \partial g_{lk}/\partial z_j$;

(3) $\partial g_{jk}/\partial \bar{z}_l = \partial g_{lk}/\partial \bar{z}_j$;

(4) 局部地存在光滑的实值函数 $\rho$, 使得 $\omega = i\partial\bar{\partial}\rho$.

**证明**　因为

$$\bar{\omega} = -i \sum_{j,k} \bar{g}_{jk} d\bar{z}_j \wedge dz_k = i \sum_{j,k} g_{kj} dz_k \wedge d\bar{z}_j = \omega,$$

所以 $\omega$ 是一个实形式. 于是 $d\omega = \partial\omega + \bar{\partial}\omega = \partial\omega + \overline{\partial\omega}$, 从而

$$d\omega = 0 \iff \partial\omega = 0 \iff \bar{\partial}\omega = 0.$$

这表明 (1) ∼ (3) 彼此等价.

由 (4) 显然可以推出 (1). 反之, 如果 (1) 成立, 则由 Poincaré 引理可知, 局部地存在一个实的 1-形式 $\psi$, 使得 $d\psi = \omega$. 记 $\psi = \varphi + \bar{\varphi}$, 其中 $\varphi$ 为 (1,0)-形式. 由于 $\omega = \partial\varphi + \bar{\partial}\varphi + \partial\bar{\varphi} + \bar{\partial}\bar{\varphi}$ 为一个 (1,1)-形式, 故 $\partial\varphi = \bar{\partial}\bar{\varphi} = 0$. 由 Dolbeault 引理可知, 局部地存在光滑函数 $f$, 使得 $\bar{\partial}f = \bar{\varphi}$. 于是

$$\omega = \bar{\partial}\partial\bar{f} + \partial\bar{\partial}f = \partial\bar{\partial}(f - \bar{f}).$$

我们只需取 $\rho = -i(f - \bar{f})$ 即可. □

**例 7.1.3**　(1) 设 $\Omega$ 为 $\mathbb{C}^n$ 中的一个区域. 那么欧氏度量 $g_E = \sum_{j=1}^{n} dz_j \otimes d\bar{z}_k$ 为一个 Kähler 度量.

(2) 设 $\Gamma$ 为 $\mathbb{C}^n$ 中的一个格. 由于 $g_E$ 是平移不变的, 所以 $g_E$ 诱导了环面 $\mathbb{C}^n/\Gamma$ 上的一个 Kähler 度量.

(3) $\mathbb{C}^n$ 中的一个有界区域 $\Omega$ 上的 Bergman 度量

$$g_B = \sum_{j,k=1}^{n} \frac{\partial^2 \log K_\Omega(z)}{\partial z_j \partial \bar{z}_k} dz_j \otimes d\bar{z}_k$$

为一个 Kähler 度量, 这里 $K_\Omega(z)$ 为 $\Omega$ 上的 Bergman 核. 由于 $g_B$ 是双全纯不变的, 故对于 $\Omega$ 上的全纯自同构群的任一自由、真不连续子群 $\Gamma$, $\Omega/\Gamma$ 为一个复流形, 而 $g_B$ 诱导出 $\Omega/\Gamma$ 上的一个 Kähler 度量.

(4) 设 $\mathbb{P}^n$ 为 $n$-维复射影空间, $[\xi_0 : \xi_1 : \cdots : \xi_n]$ 为 $\mathbb{P}^n$ 上的齐次坐标. 记

$$U_j := \{\xi = [\xi_0 : \xi_1 : \cdots : \xi_n] : \xi_j \neq 0\}, \quad z_j^\alpha := \xi_\alpha/\xi_j.$$

那么 $\rho_j = \log(1 + \sum_{\alpha \neq j} |z_j^\alpha|^2)$ 为 $U_j$ 上的光滑函数. 由于在 $U_j \cap U_k$ 上成立 $\rho_j - \rho_k = \log(|\xi_k|^2/|\xi_j|^2)$, 故 $i\partial\bar{\partial}\rho_j = i\partial\bar{\partial}\rho_k$. 由此可知 $\omega|_{U_j} := i\partial\bar{\partial}\rho_j$ 定义了 $\mathbb{P}^n$ 上的一个 (1,1)-形式. 由命题 7.1.2 可知 $\omega$ 为 Kähler 度量. 称其对应的度量为 Fubini-Study 度量, 并记为 $g_{FS}$.

**命题 7.1.4**　设 $(M, \omega)$ 为一个 Kähler 流形, $S$ 为 $M$ 的一个复子流形, 则 $S$ 也为 Kähler 流形. 特别地, 代数流形均为 Kähler 流形.

**证明**　考虑 $M$ 上的一个局部坐标覆盖 $\{(U_\alpha, z^\alpha)\}$, 使得

$$U_\alpha \cap S = \{z^\alpha_{m+1} = \cdots = z^\alpha_n = 0\}.$$

设 $\omega|_{U_\alpha} = i \sum_{j,k} g_{jk} dz^\alpha_j \wedge d\bar{z}^\alpha_k$. 在 $U_\alpha \cap S$ 上我们定义

$$\omega|_S = i \sum_{j,k \leqslant m} g_{jk}(z^\alpha_1, \cdots, z^\alpha_m, 0, \cdots, 0) dz^\alpha_j \wedge d\bar{z}^\alpha_k.$$

显然, 其为 $U_\alpha \cap S$ 上的一个正定的 $(1,1)$-形式, 而且从命题 7.1.2 的 (2) 或 (3) 可知其为 $U_\alpha \cap S$ 上的 Kähler 度量. 我们只需验证其可以整体地定义于 $S$. 注意到在 $U_\alpha \cap U_\beta \cap S$ 上有坐标转换 $z^\alpha_j = f^j_{\alpha\beta}(z^\beta_1, \cdots, z^\beta_m, 0, \cdots, 0)$, 若 $j \leqslant m$; $z^\alpha_j = 0$, 若 $j > m$. 那么当 $s, t \leqslant m$ 时, 有

$$g_{st}(z^\beta) = \sum_{j,k \leqslant m} g_{jk}(z^\alpha) \frac{\partial f^j_{\alpha\beta}}{\partial z^\beta_s} \overline{\frac{\partial f^k_{\alpha\beta}}{\partial z^\beta_t}},$$

使得

$$\sum_{s,t \leqslant m} g_{st}(z^\beta) dz^\beta_s \wedge d\bar{z}^\beta_t = \sum_{j,k \leqslant m} g_{jk}(z^\alpha) \sum_{s,t \leqslant m} \frac{\partial f^j_{\alpha\beta}}{\partial z^\beta_s} \overline{\frac{\partial f^k_{\alpha\beta}}{\partial z^\beta_t}} dz^\beta_s \wedge d\bar{z}^\beta_t$$

$$= \sum_{j,k \leqslant m} g_{jk}(z^\alpha) dz^\alpha_j \wedge d\bar{z}^\alpha_k. \qquad \square$$

**注**　事实上, 我们有一个更短证明: 令 $\omega_S := \iota^*(\omega)$, 其中 $\iota : S \to M$ 为包含映射. 由于 $d\omega_S = \iota^*(d\omega) = 0$, 因此 $\omega_S$ 给出了 $S$ 上的一个 Kähler 度量. 注意到在前一个证明中我们给出了 $\omega_S$ 的显式表达.

**命题 7.1.5**　设 $(M, \omega)$ 为一个 Kähler 流形, 则对任意 $x_0 \in M$, 存在 $x_0$ 处局部坐标 $z$, 使得

$$\omega = i \sum_{l,m=1}^n \omega_{lm} dz_l \wedge d\bar{z}_m,$$

其中 $\omega_{lm} = \delta_{lm} + O(|z|^2)$, $\delta_{lm}$ 为 Kronecker 符号.

**证明**　利用 Gram-Schmidt 正交化方法可取 $x_0$ 处局部坐标 $\zeta$, 使得

$$\omega = i \sum_{l,m} \widetilde{\omega}_{lm} d\zeta_l \wedge d\bar{\zeta}_m,$$

其中 $\widetilde{\omega}_{lm} = \delta_{lm} + O(|\zeta|)$. 记

$$\widetilde{\omega}_{lm} = \delta_{lm} + \sum_j (a_{jlm}\zeta_j + a'_{jlm}\bar{\zeta}_j) + O(|\zeta|^2).$$

由于 $\bar{\omega} = \omega$, 因此

$$\widetilde{\omega}_{ml} = \overline{\widetilde{\omega}_{lm}} = \delta_{lm} + \sum_j (\bar{a}_{jlm}\bar{\zeta}_j + \overline{a'}_{jlm}\zeta_j) + O(|\zeta|^2),$$

使得 $a'_{jlm} = \bar{a}_{jml}$. 另一方面, 由于 $\left.\dfrac{\partial\widetilde{\omega}_{lm}}{\partial\zeta_j}\right|_{\zeta=0} = \left.\dfrac{\partial\widetilde{\omega}_{jm}}{\partial\zeta_l}\right|_{\zeta=0}$, 因此 $a_{jlm} = a_{ljm}$. 于是若取

$$z_m = \zeta_m + \frac{1}{2}\cdot\sum_{j,l} a_{jlm}\zeta_j\zeta_l,$$

则有 $dz_m = d\zeta_m + \sum_{j,l} a_{jlm}\zeta_j d\zeta_l$, 使得

$$i\sum_m dz_m \wedge d\bar{z}_m$$

$$= i\sum_m d\zeta_m \wedge d\bar{\zeta}_m + i\sum_{j,l,m}(a_{jlm}\zeta_j + \bar{a}_{jml}\bar{\zeta}_j)d\zeta_l \wedge d\bar{\zeta}_m + O(|\zeta|^2)$$

$$= i\sum_{lm} \widetilde{\omega}_{lm} d\zeta_l \wedge d\bar{\zeta}_m + O(|\zeta|^2)$$

$$= \omega + O(|z|^2). \qquad\qquad\qquad \square$$

接下来我们引入 Hermitian 流形上的一些重要的几何量. 首先注意到如下命题:

**命题 7.1.6** 设 $(M,g)$ 是一个 Hermitian 流形, $\omega$ 为 $g$ 的基本形式, 那么

$$\frac{\omega^n}{n!} = 2^n \det(g_{jk}) dx_1 \wedge dy_1 \wedge \cdots \wedge dx_n \wedge dy_n. \tag{7.1}$$

**证明** 直接计算表明

$$\omega^n = i^n \sum_{j_1,\cdots,j_n,k_1,\cdots,k_n} g_{j_1k_1}\cdots g_{j_nk_n} dz_{j_1}\wedge d\bar{z}_{k_1}\wedge\cdots\wedge dz_{j_n}\wedge d\bar{z}_{k_n}. \tag{7.2}$$

注意到

$$dz_{j_1}\wedge d\bar{z}_{k_1}\wedge\cdots\wedge dz_{j_n}\wedge d\bar{z}_{k_n}$$

$$= \mathrm{sgn}\begin{pmatrix}1,\cdots,n\\j_1,\cdots,j_n\end{pmatrix}\mathrm{sgn}\begin{pmatrix}1,\cdots,n\\k_1,\cdots,k_n\end{pmatrix}dz_1\wedge d\bar{z}_1\wedge\cdots\wedge dz_n\wedge d\bar{z}_n,$$

而且

$$\sum_{j_1,\cdots,j_n}\mathrm{sgn}\begin{pmatrix}1,\cdots,n\\j_1,\cdots,j_n\end{pmatrix}g_{j_1k_1}\cdots g_{j_nk_n}$$

$$=\begin{vmatrix}g_{1k_1}&\cdots&g_{1k_n}\\\vdots&&\vdots\\g_{nk_1}&\cdots&g_{nk_n}\end{vmatrix}$$

$$=\mathrm{sgn}\begin{pmatrix}1,\cdots,n\\k_1,\cdots,k_n\end{pmatrix}\det(g_{jk}),$$

结合 (7.2) 即得 (7.1). $\square$

我们称等式 (7.1) 右边的 $(n,n)$-形式为 $M$ 上的体积元并用 $dV$ 或 $dV_M$ 表示. 命题 7.1.6 表明 $dV = \omega^n/n!$ 是一个整体定义的 $(n,n)$-形式.

现记 $C^\infty_{(p,q)}(M)$ 为 $M$ 上的光滑 $(p,q)$-形式全体. 任意 $u \in C^\infty_{(p,q)}(M)$ 可局部表示为

$$u = \frac{1}{p!q!}\sum_{i_1,\cdots,i_p,j_1,\cdots,j_q} u_{i_1\cdots i_p j_1\cdots j_q} dz_{i_1}\wedge\cdots\wedge dz_{i_p}\wedge d\bar{z}_{j_1}\wedge\cdots\wedge d\bar{z}_{j_q}.$$

对于 $u, v \in C^\infty_{(p,q)}(M)$, 定义

$$(u, v) := \frac{1}{p!q!} \sum g^{k_1 i_1} \cdots g^{k_p i_p} g^{j_1 l_1} \cdots g^{j_q l_q} u_{i_1 \cdots i_p j_1 \cdots j_q} \bar{v}_{k_1 \cdots k_p l_1 \cdots l_q},$$

其中 $(g^{jk}) := (g_{jk})^{-1}$. 不难验证该定义与坐标选取无关. 于是我们可定义内积如下

$$\langle u, v \rangle = \int_M (u, v) dV.$$

记 $\mathcal{D}_{(p,q)}(M)$ 为 $M$ 上具有紧支集的光滑 $(p,q)$-形式全体, $L^2_{(p,q)}(M)$ 为 $\mathcal{D}_{(p,q)}(M)$ 关于内积 $\langle \cdot, \cdot \rangle$ 的完备化.

为了方便起见, 我们将采用下面的表示

$$u = \sideset{}{'}\sum_{|I|=p} \sideset{}{'}\sum_{|J|=q} u_{IJ} dz_I \wedge d\bar{z}_J,$$

其中 $\sideset{}{'}\sum_{|I|=p}$ 表示对所有满足 $i_1 < i_2 < \cdots < i_p$ 的下标 $I = (i_1, \cdots, i_p)$ 求和. 若记

$$g^{KI} = \frac{1}{p!} \sum_{i_1, \cdots, i_p, k_1, \cdots, k_p} \operatorname{sgn} \begin{pmatrix} I \\ i_1, \cdots, i_p \end{pmatrix} \operatorname{sgn} \begin{pmatrix} K \\ k_1, \cdots, k_p \end{pmatrix} g^{k_1 i_1} \cdots g^{k_p i_p},$$

$$g^{JU} = \frac{1}{q!} \sum_{j_1, \cdots, j_q, l_1, \cdots, l_q} \operatorname{sgn} \begin{pmatrix} J \\ j_1, \cdots, j_q \end{pmatrix} \operatorname{sgn} \begin{pmatrix} U \\ l_1, \cdots, l_q \end{pmatrix} g^{j_1 l_1} \cdots g^{j_q l_q},$$

则有

$$(u, v) = \sideset{}{'}\sum_{I,J} \sideset{}{'}\sum_{K,U} g^{KI} g^{JU} u_{IJ} \bar{v}_{KU}.$$

**定义 7.1.7**　设 $(M, g)$ 为一个 Hermitian 流形. 对于一条分段光滑曲线 $c : [0,1] \to M$, 定义其长度为

$$l_g(c) := \int_0^1 \left( \sum_{j,k} g_{jk}(c(t)) c'_j(t) \overline{c'_k(t)} \right)^{1/2} dt.$$

对于 $x, y \in M$, 我们称 $d(x,y) := \inf_c l_g(c)$ 为 $x, y$ 之间的距离, 其中下确界取遍所有 $\Omega$ 中连接 $x, y$ 的分段光滑曲线.

**定义 7.1.8** 设 $(M, g)$ 为一个 Hermitian 流形. 若存在 $x_0 \in M$, 使得 $d(x_0, x)$ 为 $M$ 上的一个穷竭函数, 则称 $g$ 完备. 若进一步假设 $g$ 为一个 Kähler 度量, 则称 $(M, g)$ 为一个完备 Kähler 流形.

**定义 7.1.9** 称一个复流形 $M$ 为拟凸的, 若其上存在一个光滑的多次调和穷竭函数. 若进一步假设该穷竭函数为强多次调和的, 则称 $M$ 为一个 Stein 流形.

**练习** 证明任意的完备 Hermitian 流形 $(M, \omega)$ 上存在光滑的穷竭函数 $\rho$, 使得 $|d\rho|_\omega$ 有界.

**命题 7.1.10** 若 $M$ 为拟凸的 Kähler 流形, 那么其一定是完备 Kähler 流形.

**证明** 取 $M$ 上一个非负光滑多次调和穷竭函数 $\rho$ 以及 $M$ 上的一个 Kähler 度量 $\omega$. 定义

$$\widetilde{\omega} := \omega + i\partial\bar{\partial}\rho^2.$$

显然, $\widetilde{\omega}$ 为 $M$ 上的 Kähler 度量.

因为 $\widetilde{\omega} \geqslant i\partial\bar{\partial}\rho^2 \geqslant 2i\partial\rho \wedge \bar{\partial}\rho$, 所以 $|\partial\rho|_{\widetilde{\omega}}^2 \leqslant \dfrac{1}{2}$, 从而 $|d\rho|_{\widetilde{\omega}} \leqslant 1$. 故

$$|\rho(x) - \rho(x_0)| \leqslant \sup_M |d\rho|_{\widetilde{\omega}} \cdot d(x_0, x) \leqslant d(x_0, x),$$

由此可知 $d(x_0, \cdot)$ 为 $M$ 上的穷竭函数. $\qquad\square$

注意到 Stein 流形一定是 Kähler 流形 (若 $\rho$ 是强多次调和函数, 那么 $i\partial\bar{\partial}\rho$ 是一个 Kähler 度量), 所以以上命题表明 Stein 流形一定是完备 Kähler 流形.

**定义 7.1.11** 设 $\Omega$ 为 $\mathbb{C}^n$ 中的一个区域, $E \subset \Omega$. 如果对任意 $a \in E$, 存在 $a$ 的邻域 $U$ 以及 $\varphi \in PSH(U)$, 使得 $U \cap E = \varphi^{-1}(-\infty)$, 则称 $E$ 为 $\Omega$ 中的一个完备多极集.

特别地, 解析子集均为闭完备多极集. 另一方面, 闭完备多极集不一定是解析子集.

**命题 7.1.12**　若 $\Omega$ 为 $\mathbb{C}^n$ 中的一个拟凸域, $E \subset \Omega$ 为闭的完备多极集, 那么 $\Omega \setminus E$ 是一个完备 Kähler 流形. 特别地, 穿孔单位球 $\mathbb{B}^* \subset \mathbb{C}^n$ 是完备 Kähler 流形, 但当 $n > 1$ 时其非 Stein 流形.

**证明**　设 $\psi$ 如下面的定理 7.1.13. 取 $\Omega$ 上的一个非负强多次调和穷竭函数 $\rho$ 以及光滑截断函数 $\chi : \Omega \to [0, 1]$, 使得 $\chi$ 在 $E$ 某个邻域上恒等于 1, 且 $\operatorname{supp} \chi \subset \{\psi < 0\}$. 那么存在凸增函数 $\lambda$, 使得

$$\omega := i \partial \bar{\partial} \lambda(\rho^2) + i \partial \bar{\partial} [\chi \cdot (-\log(-\psi))]$$

成为 $\Omega \setminus E$ 上的一个正定 $(1,1)$-形式. 类似于命题 7.1.10 的证明, 可以验证 $\omega$ 是一个完备的 Kähler 度量.　　　　　　　　　　　　□

**定理 7.1.13** (Coltoiu; Demailly)　设 $\Omega$ 为 $\mathbb{C}^n$ 中的一个拟凸域, $E \subset \Omega$ 为闭的完备多极集, 则存在 $\psi \in PSH(\Omega) \cap C^\infty(\Omega \setminus E)$, 使得 $E = \psi^{-1}(-\infty)$.

我们将在附录中给出这个定理的证明.

## 7.2　Hermitian 线丛

设 $\{U_\alpha\}$ 为复流形 $M$ 上的一个开覆盖. 我们在不相交并 $\bigsqcup_\alpha (U_\alpha \times \mathbb{C})$ 上引入一个等价关系如下: 对于 $(x, v) \in U_\alpha \times \mathbb{C}$ 以及 $(y, w) \in U_\beta \times \mathbb{C}$, 定义

$$(x, v) \sim (y, w) \iff x = y \text{ 且 } v = f_{\alpha\beta}(x) w,$$

其中 $f_{\alpha\beta} \in \mathcal{O}^*(U_\alpha \cap U_\beta)$ 满足下面的相容性条件

$$f_{\alpha\beta} f_{\beta\gamma} = f_{\alpha\gamma}, \quad \forall \alpha, \beta, \gamma.$$

**定义 7.2.1**　我们称 $L := \bigsqcup_\alpha (U_\alpha \times \mathbb{C}) / \sim$ 为复流形 $M$ 上的一个全纯线丛, 而称 $\{f_{\alpha\beta}\}$ 为 $L$ 的转换函数.

记 $\pi : [(x,v)] \in L \mapsto x \in M$ 为自然投影. 注意到商映射 $\bigsqcup_\alpha (U_\alpha \times \mathbb{C}) \to L$ 诱导了一个双射 $\Phi_\alpha : \pi^{-1}(U_\alpha) \to U_\alpha \times \mathbb{C}$. 如果记 $p : U_\alpha \times \mathbb{C} \to U_\alpha$ 为自然投影, 则有 $p \circ \Phi_\alpha = \pi$. 我们称 $\Phi_\alpha$ 为 $L$ 的局部平凡化. 如果 $\Phi_\alpha$ 和 $\Phi_\beta$ 都是 $L$ 的局部平凡化, 则有

$$\Phi_\alpha \circ \Phi_\beta^{-1}(x,v) = (x, f_{\alpha\beta}(x)v), \quad (x,v) \in (U_\alpha \cap U_\beta) \times \mathbb{C}.$$

这表明 $L$ 是一个复流形而且 $\Phi_\alpha$ 是双全纯映射. 此外, $\pi : L \to M$ 是一个全纯映射.

**例 7.2.2**　(1) 若对任意 $\alpha, \beta$ 有 $f_{\alpha\beta} \equiv 1$, 那么以 $\{f_{\alpha\beta}\}$ 为转移函数的线丛称为平凡线丛, 其与乘积空间 $M \times \mathbb{C}$ 是双全纯等价的. 因此不妨记 $M$ 上的平凡线丛为 $M \times \mathbb{C}$.

(2) 设 $\{(U_\alpha, z^\alpha)\}$ 是 $M$ 上的一个坐标覆盖. 称以 $f_{\alpha\beta} := \det(\partial z_\beta / \partial z_\alpha)$ 为转换函数的线丛为 $M$ 上的典范线丛, 记为 $K_M$.

(3) 设 $L, L'$ 为复流形 $M$ 上的全纯线丛, 其转换函数分别为 $\{f_{\alpha\beta}\}$, $\{f'_{\alpha\beta}\}$. 称以 $\{f_{\alpha\beta} f'_{\alpha\beta}\}$ 为转换函数的全纯线丛为 $L$ 与 $L'$ 的张量积, 记为 $L \otimes L'$. 此外, 定义 $L^{\otimes m} := L \otimes \cdots \otimes L$ (共 $m$ 个). 注意到任意线丛与平凡线丛的张量积为其本身.

(4) 设 $L$ 为 $M$ 上的全纯线丛, 其转换函数为 $\{f_{\alpha\beta}\}$, 那么称以 $\{f_{\alpha\beta}^{-1}\}$ 为转换函数的全纯线丛为 $L$ 的对偶丛, 记为 $L^*$. 显然, $L \otimes L^*$ 为平凡线丛.

(5) 设 $S$ 为 $M$ 中一个不可约解析超曲面. 我们可取 $M$ 的坐标邻域覆盖 $\{U_\alpha\}$ 以及 $f_\alpha \in \mathcal{O}(U_\alpha)$, 使得 $U_\alpha \cap S = f_\alpha^{-1}(0)$ 且 $f_{\alpha\beta} := f_\alpha / f_\beta \neq 0$. 于是以 $\{f_{\alpha\beta}\}$ 为转换函数可定义 $M$ 上的一个全纯线丛 $L_S$, 称其为 $S$ 的诱导线丛.

**定义 7.2.3**　全纯线丛 $L$ 的一个光滑 (全纯) 截影指一族函数 $\{f_\alpha\}$, 其中 $f_\alpha \in C^\infty(U_\alpha)$ $(f_\alpha \in \mathcal{O}(U_\alpha))$, 使得

$$f_\alpha = f_{\alpha\beta} f_\beta \quad \text{于} \quad U_\alpha \cap U_\beta, \quad \forall \alpha, \beta.$$

**定义 7.2.4**　全纯线丛 $L$ 上的一个 Hermitian 度量指一族函数

$h = \{h_\alpha\}$, 其中 $0 < h_\alpha \in C^\infty(U_\alpha)$, 使得

$$h_\alpha = h_\beta/|f_{\alpha\beta}|^2, \quad \forall \alpha, \beta.$$

如果 $f = \{f_\alpha\}$ 是 $L$ 的一个光滑截影, 则定义 $f$ 关于 $h$ 的点态长度为 $|f|_h^2|_{U_\alpha} := h_\alpha|f_\alpha|^2$. 那么 $|f|_h^2$ 为 $M$ 上的一个整体定义的光滑函数. 由于在每个 $U_\alpha \cap U_\beta$ 上有 $i\partial\bar\partial \log h_\alpha = i\partial\bar\partial \log h_\beta$, 因此

$$\Theta_h|_{U_\alpha} := -i\partial\bar\partial \log h_\alpha$$

定义了一个 $M$ 上的光滑 $(1,1)$-形式, 称其为 $L$ 的曲率形式. 若令 $\varphi_\alpha = -\log h_\alpha|_{U_\alpha}$ (即 $h_\alpha = e^{-\varphi_\alpha}$) 且记 $\varphi = \{\varphi_\alpha\}$ 以及 $i\partial\bar\partial\varphi|_{U_\alpha} := i\partial\bar\partial\varphi_\alpha$, 则有

$$\Theta_h = i\partial\bar\partial\varphi.$$

设 $\Phi_\alpha$ 为 $L$ 上的一个局部平凡化. 显然, $\xi_\alpha := \Phi_\alpha^{-1}(x, 1)$ 为 $L$ 在 $U_\alpha$ 上的一个全纯截影且恒不为 0, 称其为 $L$ 在 $U_\alpha$ 上的一个局部标架. 由于

$$\Phi_{\alpha\beta} := \Phi_\alpha \circ \Phi_\beta^{-1} : (U_\alpha \cap U_\beta) \times \mathbb{C} \to (U_\alpha \cap U_\beta) \times \mathbb{C}$$

满足 $\Phi_{\alpha\beta}(x, 1) = (x, f_{\alpha\beta}(x))$, 故

$$\xi_\beta = f_{\alpha\beta}\, \xi_\alpha.$$

于是对于 $L$ 的任意 $C^\infty$ (全纯) 截影 $f = \{f_\alpha\}$,

$$\tilde{f}|_{U_\alpha} = f_\alpha \otimes \xi_\alpha$$

定义了一个 $M$ 到 $L$ 的 $C^\infty$ (全纯) 映射. 我们往往将 $f$ 与 $\tilde{f}$ 恒同起来.

类似地, 一个取值在 $L$ 中的光滑 $(p, q)$-形式 $u$ 可局部表示为

$$u|_{U_\alpha} = u_\alpha \otimes \xi_\alpha, \quad \text{其中 } u_\alpha = \sum_{I,J}{}' u_{\alpha IJ} dz_I^\alpha \wedge d\bar{z}_J^\alpha.$$

记 $C^\infty_{(p,q)}(M,L)$ 为取值在 $L$ 中的光滑 $(p,q)$-形式全体. 设 $g$ 为 $M$ 上的 Hermitian 度量, $h = e^{-\varphi}$ 为 $L$ 上的 Hermitian 度量. 对于 $C^\infty_{(p,q)}(M,L)$ 中的两个元素, 若在局部坐标下表示为

$$u = \sum_{I,J}{}' u_{IJ} dz_I \wedge d\bar{z}_J \otimes \xi, \quad v = \sum_{I,J}{}' v_{IJ} dz_I \wedge d\bar{z}_J \otimes \xi,$$

则定义

$$(u,v)(z) = \sum_{I,J}{}' \sum_{K,U}{}' g^{KI} g^{JU} u_{IJ} \bar{v}_{KU},$$

以及内积

$$\langle u,v\rangle_\varphi = \int_M (u,v)(z) e^{-\varphi}\, dV.$$

类似地, 我们可以定义 $\mathcal{D}_{(p,q)}(M,L)$ 和 $L^2_{(p,q)}(M,L)$.

**注** 事实上, 线丛的概念与开覆盖的选取是无关的. 因此前面的讨论与开覆盖的选取也无关. 这里不再做进一步的说明, 感兴趣的读者可参考相关的复几何教材.

## 7.3 Bochner-Kodaira-Nakano 公式

设 $\Omega$ 为 $\mathbb{C}^n$ 中的有界区域, $\varphi \in C^\infty(\Omega)$ 为实值函数. 对于任意两个 $(p,q)$-形式

$$u = \sum_{I,J}{}' u_{IJ} dz_I \wedge d\bar{z}_J, \quad v = \sum_{I,J}{}' v_{IJ} dz_I \wedge d\bar{z}_J,$$

我们定义它们的内积为

$$\langle u,v\rangle_\varphi := \int_\Omega (u,v) e^{-\varphi}, \quad \text{其中 } (u,v) = \sum_{I,J}{}' u_{IJ} \bar{v}_{IJ}.$$

令 $\bar{\partial}^*_\varphi$ 为 $\bar{\partial}$ 关于内积 $\langle \cdot,\cdot\rangle_\varphi$ 的形式伴随算子. 为了计算 $\bar{\partial}^*_\varphi$, 我们引入下面的定义.

**定义 7.3.1** 对于 $I = (i_1, \cdots, i_p)$ 及 $J = (j_1, \cdots, j_q)$, 定义

$$\frac{\partial}{\partial z_k} \lrcorner (dz_I \wedge d\bar{z}_J)$$

$$= \begin{cases} 0, & k \notin I, \\ (-1)^{s-1} dz_{i_1} \wedge \cdots \wedge \widehat{dz_{i_s}} \wedge \cdots \wedge dz_{i_p} \wedge d\bar{z}_J, & k = i_s, \end{cases}$$

其中 $\widehat{dz_{i_s}}$ 表示省略 $dz_{i_s}$, 以及

$$\frac{\partial}{\partial \bar{z}_k} \lrcorner (dz_I \wedge d\bar{z}_J)$$

$$= \begin{cases} 0, & k \notin J, \\ (-1)^{p+s-1} dz_I \wedge d\bar{z}_{j_1} \wedge \cdots \wedge \widehat{d\bar{z}_{j_s}} \wedge \cdots \wedge d\bar{z}_{j_q}, & k = j_s. \end{cases}$$

**命题 7.3.2**

$$\frac{\partial}{\partial z_j} \lrcorner (dz_k \wedge dz_I) = \delta_{jk} dz_I - dz_k \wedge \left( \frac{\partial}{\partial z_j} \lrcorner dz_I \right); \qquad (7.3)$$

$$\frac{\partial}{\partial \bar{z}_j} \lrcorner (d\bar{z}_k \wedge d\bar{z}_J) = \delta_{jk} d\bar{z}_J - d\bar{z}_k \wedge \left( \frac{\partial}{\partial \bar{z}_j} \lrcorner d\bar{z}_J \right); \qquad (7.4)$$

$$\left( \frac{\partial}{\partial \bar{z}_j} \lrcorner u, v \right) = (u, d\bar{z}_j \wedge v). \qquad (7.5)$$

**证明**　这三个等式的证明均可以直接从定义推出, 这里仅证明最后一个等式. 不妨设

$$u = dz_I \wedge d\bar{z}_J, \quad v = dz_K \wedge d\bar{z}_U,$$

其中 $I = (i_1, \cdots, i_p)$, $J = (j_1, \cdots, j_q)$, $K = (k_1, \cdots, k_p)$, $U = (l_1, \cdots, l_{q-1})$. 则

$$\text{左边} = \left( \frac{\partial}{\partial \bar{z}_j} \lrcorner dz_I \wedge d\bar{z}_J, dz_K \wedge d\bar{z}_U \right)$$

$$= \begin{cases} (-1)^{p+s-1}, & K = I, U = J \backslash \{j_s\}, j = j_s, \\ 0, & \text{其余情形}. \end{cases}$$

$$\text{右边} = (dz_I \wedge d\bar{z}_J, d\bar{z}_j \wedge dz_K \wedge d\bar{z}_U)$$

$$= \begin{cases} (-1)^{p+s-1}, & K = I, \ U = J \backslash \{j_s\}, \ j = j_s, \\ 0, & \text{其余情形}. \end{cases}$$

$\square$

我们记 $\mathcal{D}_{(p,q)}(\Omega)$ 为 $\Omega$ 上具有紧支集的 $C^\infty$ $(p,q)$ 形式全体. 若

$$u = \sideset{}{'}\sum_{I,J} u_{IJ} dz_I \wedge d\bar{z}_J \in \mathcal{D}_{(p,q)}(\Omega), \quad v = \sideset{}{'}\sum_{I,U} v_{IJ} dz_I \wedge d\bar{z}_U \in \mathcal{D}_{(p,q-1)}(\Omega),$$

则有

$$\langle \bar{\partial}^*_\varphi u, v \rangle_\varphi = \langle u, \bar{\partial} v \rangle_\varphi = \int_\Omega \left( u, \sum_j d\bar{z}_j \wedge \frac{\partial}{\partial \bar{z}_j} v \right) e^{-\varphi}$$

$$= \int_\Omega \sum_j \left( \frac{\partial}{\partial \bar{z}_j} \lrcorner \, u, \frac{\partial}{\partial \bar{z}_j} v \right) e^{-\varphi}$$

$$= - \int_\Omega \sum_j \left( \frac{\partial}{\partial \bar{z}_j} \lrcorner \frac{\partial}{\partial z_j} (e^{-\varphi} u), v \right) \quad \text{(Stokes 公式)}.$$

于是

$$\bar{\partial}^*_\varphi u = - \sum_j \frac{\partial}{\partial \bar{z}_j} \lrcorner \left( e^\varphi \frac{\partial}{\partial z_j} (e^{-\varphi} u) \right)$$

$$= (-1)^{p-1} \sideset{}{'}\sum_{I,J} \sum_j \left[ \frac{\partial u_{IJ}}{\partial z_j} - u_{IJ} \frac{\partial \varphi}{\partial z_j} \right] dz_I \wedge \left( \frac{\partial}{\partial \bar{z}_j} \lrcorner \, d\bar{z}_J \right). \quad (7.6)$$

若记

$$\delta_j u_{IJ} := \frac{\partial u_{IJ}}{\partial z_j} - u_{IJ} \frac{\partial \varphi}{\partial z_j},$$

则有

$$\bar{\partial}^*_\varphi u = (-1)^{p-1} \sideset{}{'}\sum_{I,J} \sum_j \delta_j u_{IJ} dz_I \wedge \left( \frac{\partial}{\partial \bar{z}_j} \lrcorner \, d\bar{z}_J \right).$$

对于 $\omega = i \sum dz_j \wedge d\bar{z}_j$ 以及 $u = \sum' u_{IJ} dz_I \wedge d\bar{z}_J$, 定义

$$\Lambda u := i(-1)^p \sum_{I,J}{}' \sum_j u_{IJ} \left( \frac{\partial}{\partial z_j} \lrcorner dz_I \right) \wedge \left( \frac{\partial}{\partial \bar{z}_j} \lrcorner d\bar{z}_J \right).$$

**命题 7.3.3**　$\Lambda$ 为算子 $\cdot \mapsto \omega \wedge \cdot$ 的共轭, 即对任意 $u \in \mathcal{D}_{(p-1,q-1)}(\Omega)$ 以及 $v \in \mathcal{D}_{(p,q)}(\Omega)$, 有

$$(u, \Lambda v) = (\omega \wedge u, v). \tag{7.7}$$

**证明**　若记

$$u = \sum_{I,J}{}' u_{IJ} dz_I \wedge d\bar{z}_J, \quad v = \sum_{K,U}{}' v_{KU} dz_K \wedge d\bar{z}_U,$$

则有

$$\Lambda v = i(-1)^p \sum_{K,U}{}' \sum_j v_{KU} \left( \frac{\partial}{\partial z_j} \lrcorner dz_K \right) \wedge \left( \frac{\partial}{\partial \bar{z}_j} \lrcorner d\bar{z}_U \right),$$

使得

$$(u, \Lambda v) = i(-1)^{p-1} \sum_{I,J}{}' u_{IJ} \sum_j \bar{v}_{jIjJ},$$

其中

$$v_{jIjJ} := v_{KU} \cdot \varepsilon_{jI}^K \cdot \varepsilon_{jJ}^U, \quad \varepsilon_{jI}^K := \operatorname{sgn} \begin{pmatrix} K \\ jI \end{pmatrix}, \quad \varepsilon_{jJ}^U := \operatorname{sgn} \begin{pmatrix} U \\ jJ \end{pmatrix}.$$

另一方面, 我们有

$$\omega \wedge u = i \sum_{I,J}{}' \sum_j u_{IJ} dz_j \wedge d\bar{z}_j \wedge dz_I \wedge d\bar{z}_J$$

$$= i(-1)^{p-1} \sum_{K,U}{}' \sum_j u_{IJ} \varepsilon_{jI}^K \varepsilon_{jJ}^U dz_K \wedge d\bar{z}_U,$$

使得

$$(\omega \wedge u, v) = i(-1)^{p-1} \sum_{I,J}{}' u_{IJ} \sum_j \bar{v}_{jIjJ}. \qquad \square$$

令 $\partial_\varphi := e^\varphi \partial(e^{-\varphi} \cdot) = \partial - \partial\varphi \wedge \cdot$. 我们来证明下面关键的 Kähler 恒等式.

**引理 7.3.4**

$$\bar\partial_\varphi^* = i[\partial_\varphi, \Lambda] := i(\partial_\varphi \Lambda - \Lambda \partial_\varphi), \tag{7.8}$$

$$\partial_\varphi^* = -i[\bar\partial, \Lambda] := -i(\bar\partial \Lambda - \Lambda \bar\partial). \tag{7.9}$$

**证明**  设 $u = \sum_{I,J}' u_{IJ} dz_I \wedge d\bar z_J$. 则有

$$\partial_\varphi \Lambda u := i(-1)^p \sum_{I,J}' \sum_j \partial_\varphi \left[ u_{IJ} \left( \frac{\partial}{\partial z_j} \,\lrcorner\, dz_I \right) \wedge \left( \frac{\partial}{\partial \bar z_j} \,\lrcorner\, d\bar z_J \right) \right]$$

$$= i(-1)^p \sum_{I,J}' \sum_{j,k} \delta_k u_{IJ} dz_k \wedge \left( \frac{\partial}{\partial z_j} \,\lrcorner\, dz_I \right) \wedge \left( \frac{\partial}{\partial \bar z_j} \,\lrcorner\, d\bar z_J \right),$$

以及

$$\Lambda \partial_\varphi u = \Lambda \left[ \sum_{I,J}' \sum_k \delta_k u_{IJ} dz_k \wedge dz_I \wedge d\bar z_J \right]$$

$$= i(-1)^{p+1} \sum_{I,J}' \sum_{j,k} \delta_k u_{IJ} \left( \frac{\partial}{\partial z_j} \,\lrcorner\, dz_k \wedge dz_I \right) \wedge \left( \frac{\partial}{\partial \bar z_j} \,\lrcorner\, d\bar z_J \right)$$

$$= i(-1)^{p+1} \sum_{I,J}' \sum_{j,k} \delta_k u_{IJ}$$

$$\cdot \left\{ \left[ \delta_{jk} dz_I - dz_k \wedge \left( \frac{\partial}{\partial z_j} \,\lrcorner\, dz_I \right) \right] \wedge \left( \frac{\partial}{\partial \bar z_j} \,\lrcorner\, d\bar z_J \right) \right\}.$$

于是

$$i[\partial_\varphi, \Lambda] u = (-1)^{p-1} \sum_{I,J}' \sum_j \delta_j u_{IJ} dz_I \wedge \left( \frac{\partial}{\partial \bar z_j} \,\lrcorner\, d\bar z_J \right) = \bar\partial_\varphi^* u.$$

由于 $\Lambda$ 和 $\omega \wedge \cdot$ 共轭且有 $\omega = \bar\omega$, 故 $\overline{\Lambda u} = \Lambda \bar u$. 对于特殊情形 $\varphi = 0$, 我们有

$$\partial^* \bar u = \overline{\bar\partial^* u} = -i\overline{[\partial, \Lambda] u} = -i[\bar\partial, \Lambda] \bar u,$$

即 $\partial^* = -i[\bar{\partial}, \Lambda]$. 另一方面, 若记 $\partial_\varphi^*$ 为 $\partial_\varphi$ 关于内积 $\langle \cdot, \cdot \rangle_\varphi$ 的共轭算子, 那么对于 $u \in \mathcal{D}_{(p,q)}(\Omega)$ 以及 $v \in \mathcal{D}_{(p-1,q)}(\Omega)$, 有

$$\int_\Omega (\partial^* u, v) e^{-\varphi} = \int_\Omega (u, \partial(e^{-\varphi} v)) = \int_\Omega (u, \partial_\varphi v) e^{-\varphi} = \int_\Omega (\partial_\varphi^* u, v) e^{-\varphi},$$

因此

$$\partial_\varphi^* = \partial^* = -i[\bar{\partial}, \Lambda]. \qquad \square$$

**定理 7.3.5**(区域上的 Bochner-Kodaira-Nakano 公式)

$$\bar{\partial}\bar{\partial}_\varphi^* + \bar{\partial}_\varphi^*\bar{\partial} - (\partial_\varphi\partial_\varphi^* + \partial_\varphi^*\partial_\varphi) = [i\partial\bar{\partial}\varphi, \Lambda]; \tag{7.10}$$

$$\|\bar{\partial}u\|_\varphi^2 + \|\bar{\partial}_\varphi^* u\|_\varphi^2 - \|\partial_\varphi u\|_\varphi^2 - \|\partial_\varphi^* u\|_\varphi^2 = \langle [i\partial\bar{\partial}\varphi, \Lambda]u, u\rangle_\varphi; \tag{7.11}$$

$$\|\bar{\partial}u\|_\varphi^2 + \|\bar{\partial}_\varphi^* u\|_\varphi^2 \geqslant \langle [i\partial\bar{\partial}\varphi, \Lambda]u, u\rangle_\varphi. \tag{7.12}$$

**证明**    显然只需证明第一个等式. 由引理 7.3.4 可得

$$\text{左边} = i\big( \bar{\partial}[\partial_\varphi, \Lambda] + [\partial_\varphi, \Lambda]\bar{\partial} + \partial_\varphi[\bar{\partial}, \Lambda] + [\bar{\partial}, \Lambda]\partial_\varphi \big)$$

$$= i\big( \bar{\partial}(\partial_\varphi\Lambda - \Lambda\partial_\varphi) + (\partial_\varphi\Lambda - \Lambda\partial_\varphi)\bar{\partial}$$

$$+ \partial_\varphi(\bar{\partial}\Lambda - \Lambda\bar{\partial}) + (\bar{\partial}\Lambda - \Lambda\bar{\partial})\partial_\varphi \big)$$

$$= i\big[ \bar{\partial}\partial_\varphi + \partial_\varphi\bar{\partial}, \Lambda \big].$$

因为

$$\bar{\partial}\partial_\varphi + \partial_\varphi\bar{\partial} = \bar{\partial}(\partial - \partial\varphi \wedge \cdot) + (\partial - \partial\varphi \wedge \cdot)\bar{\partial} = \partial\bar{\partial}\varphi \wedge \cdot,$$

所以

$$i\big[ \bar{\partial}\partial_\varphi + \partial_\varphi\bar{\partial}, \Lambda \big] = [i\partial\bar{\partial}\varphi, \Lambda]. \qquad \square$$

现设 $(M, \omega)$ 为一个 Kähler 流形, $L$ 为 $M$ 上的一个全纯线丛, $h = e^{-\varphi}$ 为 $L$ 上的一个 Hermitian 度量, $\xi$ 为 $L$ 的一个局部标架. 定义

$$\bar{\partial}: \quad C_{(p,q-1)}^\infty(M, L) \longrightarrow C_{(p,q)}^\infty(M, L)$$

$$f \otimes \xi \mapsto \bar{\partial} f \otimes \xi.$$

尽管 $\partial$ 是无法定义的, 但是

$$\partial_\varphi := \partial - \partial\varphi \wedge \cdot : \quad C^\infty_{(p-1,q)}(M, L) \longrightarrow C^\infty_{(p,q)}(M, L)$$

$$f \otimes \xi \mapsto \partial_\varphi f \otimes \xi$$

仍是一个合理定义的算子. 事实上, 设 $\{U_j\}$ 是 $M$ 的一个开覆盖, 使得 $L|_{U_j}$ 平凡. 记 $f_{jk}$ 为相应的转换函数以及

$$h|_{U_j} = e^{-\varphi_j}, \quad u|_{U_j} = f_j \otimes \xi_j.$$

因为在 $U_j \cap U_k$ 成立 $e^{-\varphi_j} = e^{-\varphi_k}/|f_{jk}|^2$, 所以

$$\begin{aligned}
\partial_{\varphi_j} f_j &= e^{\varphi_j} \partial(e^{-\varphi_j} f_j) \\
&= e^{\varphi_k}|f_{jk}|^2 \partial((e^{-\varphi_k}/|f_{jk}|^2) \cdot f_{jk} \cdot f_k) \\
&= f_{jk} e^{\varphi_k} \partial(e^{-\varphi_k} f_k) \\
&= (\partial_{\varphi_k} f_k) f_{jk},
\end{aligned}$$

从而

$$\partial_{\varphi_j} f_j \otimes \xi_j = \partial_{\varphi_k} f_k \otimes \xi_k.$$

对于 $\omega = i\sum_{j,k} \omega_{jk} dz_j \wedge d\bar{z}_k$ 以及 $u = \sum'_{I,J} u_{IJ} dz_I \wedge d\bar{z}_J \otimes \xi$, 定义

$$\Lambda u := i(-1)^p \sum_{I,J}{}' \sum_{j,k} u_{IJ} \omega_{jk} \left( \frac{\partial}{\partial z_j} \mathbin{\lrcorner} dz_I \right) \wedge \left( \frac{\partial}{\partial \bar{z}_k} \mathbin{\lrcorner} d\bar{z}_J \right) \otimes \xi.$$

易知 $\Lambda$ 的定义与局部坐标的选取无关. 仿照命题 7.3.3 的证明可知 $\Lambda$ 为 $\cdot \mapsto \omega \wedge \cdot$ 的共轭算子. 有时为了突出关于 $\omega$ 的依赖性, 我们也将 $\Lambda$ 记为 $\Lambda_\omega$.

设 $x_0 \in M$ 任意给定. 由命题 7.1.5 可知, 存在 $x_0$ 处的局部坐标 $z$, 使得

$$\omega = i\partial\bar{\partial}|z|^2 + O(|z|^2).$$

设 $\xi$ 为 $L$ 的一个局部标架. 那么 $u \in \mathcal{D}_{(p,q)}(M, L)$ 以及 $v \in \mathcal{D}_{(p,q-1)}(M, L)$ 局部可以写为

$$u = \sum_{I,J}' u_{IJ} dz_I \wedge d\bar{z}_J \otimes \xi,$$

$$v = \sum_{I,K}' v_{IK} dz_I \wedge d\bar{z}_K \otimes \xi.$$

因为引理 7.3.4 中的公式只涉及一阶导数, 所以这些公式在 $x_0 \in M$ 处也成立. 又由 $x_0$ 的任意性, 引理 7.3.4 对于复流形上取值在全纯线丛中的微分形式也成立. 于是我们有如下定理:

**定理 7.3.6**(复流形上的 Bochner-Kodaira-Nakano 公式)

$$\bar{\partial}\bar{\partial}_\varphi^* + \bar{\partial}_\varphi^*\bar{\partial} - (\partial_\varphi\partial_\varphi^* + \partial_\varphi^*\partial_\varphi) = [i\partial\bar{\partial}\varphi, \Lambda]; \tag{7.13}$$

$$\|\bar{\partial}u\|_\varphi^2 + \|\bar{\partial}_\varphi^* u\|_\varphi^2 - \|\partial_\varphi u\|_\varphi^2 - \|\partial_\varphi^* u\|_\varphi^2 = \langle [i\partial\bar{\partial}\varphi, \Lambda]u, u\rangle_\varphi; \tag{7.14}$$

$$\|\bar{\partial}u\|_\varphi^2 + \|\bar{\partial}_\varphi^* u\|_\varphi^2 \geqslant \langle [i\partial\bar{\partial}\varphi, \Lambda]u, u\rangle_\varphi. \tag{7.15}$$

**定义 7.3.7**　称 $\Box_\varphi := \bar{\partial}\bar{\partial}_\varphi^* + \bar{\partial}_\varphi^*\bar{\partial}$ 为相应于 $(M, L; \omega, h)$ 的 Laplace-Beltrami 算子.

特别地, 当 $\varphi = 0$ 时, 定义 $\Box = \Box_0$ 以及 $\Delta := dd^* + d^*d$.

**命题 7.3.8**　若 $M$ 为 Kähler 流形, 则 $\frac{1}{2}\Delta = \Box = \bar{\Box}$.

**证明**　一方面, 由 Bochner-Kodaira-Nakano 公式可知

$$\bar{\Box} = \partial\partial^* + \partial^*\partial = \Box.$$

另一方面, 我们有

$$\Delta = dd^* + d^*d = (\partial + \bar{\partial})(\partial^* + \bar{\partial}^*) + (\partial^* + \bar{\partial}^*)(\partial + \bar{\partial})$$

$$= \Box + \bar{\Box} + \partial\bar{\partial}^* + \bar{\partial}^*\partial + \partial^*\bar{\partial} + \bar{\partial}\partial^*.$$

又因为

$$\partial\bar{\partial}^* + \bar{\partial}^*\partial = i\partial(\partial\Lambda - \Lambda\partial) + i(\partial\Lambda - \Lambda\partial)\partial$$

$$= -i\partial\Lambda\bar\partial + i\bar\partial\Lambda\partial$$

$$= 0,$$

所以上式取共轭后即得 $\partial^*\bar\partial + \bar\partial\partial^* = 0$. □

记 $\mathcal{H}^r(M) := \{u \in C_r^\infty(M) : \Delta u = 0\}$, $\mathcal{H}^{p,q}(M) := \{u \in C_{(p,q)}^\infty(M) : \Box u = 0\}$.

**定理 7.3.9**(Hodge-Kodaira)　设 $(M,\omega)$ 为紧 Kähler 流形, 则

$$\mathcal{H}^r(M) = \bigoplus_{p+q=r} \mathcal{H}^{p,q}(M), \quad \mathcal{H}^{p,q}(M) \simeq \mathcal{H}^{q,p}(M).$$

**证明**　因为 $C_r^\infty(M) = \bigoplus_{p+q=r} C_{p,q}^\infty(M)$ 以及 $\frac{1}{2}\Delta = \Box$, 所以第一个等式成立. 又因为 $\Box u = 0$ 等价于 $\bar\Box\bar u = \Box\bar u = 0$, 所以 $u \mapsto \bar u$ 构成 $\mathcal{H}^{p,q}(M) \to \mathcal{H}^{q,p}(M)$ 的一个同构. □

定义 $M$ 的 Betti 数以及 Hodge 数分别为

$$b_r := \dim_{\mathbb{C}} H^r(M,\mathbb{C}) \quad \text{以及} \quad h_{p,q} := \dim_{\mathbb{C}} H^{p,q}(M,\mathbb{C}).$$

由 de Rham 定理以及 Dolbeault 引理可知

$$b_r = \dim_{\mathbb{C}} \mathcal{H}^r(M), \quad h_{p,q} = \dim_{\mathbb{C}} \mathcal{H}^{p,q}(M).$$

所以由定理 7.3.9 可知

$$b_r = \sum_{p+q=r} h_{p,q}.$$

特别地, 当 $r$ 为奇数时, $b_r$ 总为偶数. 此为判别一个紧复流形是否为 Kähler 流形的重要拓扑条件. 例如当 $n \geqslant 2$ 时, Hopf 流形 $M := (\mathbb{C}^n\backslash\{0\})/\mathbb{Z}$ 不是 Kähler 流形.

**命题 7.3.10**　$(M,\omega)$ 为紧 Kähler 流形, $u$ 为其上一个全纯 $p$-形式 (即 $\bar\partial u = 0$), 则 $du = 0$.

**证明**　因为 $\bar{\partial}u = 0$, 所以 $du = \partial u$. 于是

$$\|du\|^2 = \|\partial u\|^2 = \langle \partial u, \partial u \rangle = \langle u, \partial^* \partial u \rangle.$$

又因为 $\partial u$ 为 $(p+1, 0)$ 形式而且 $u$ 全纯, 故有 $\Lambda \partial u = 0$ 以及 $\bar{\partial}\partial u = -\partial \bar{\partial} u = 0$, 使得

$$\partial^* \partial u = -i(\bar{\partial}\Lambda - \Lambda\bar{\partial})\partial u = 0.$$

于是 $du = 0$.　　　　　　　　　　　　　　　　　　　　　　　　　　　□

这个命题也可以用来构造非 Kähler 紧复流形.

**例 7.3.11**(Iwasawa)　令

$$\mathbb{C}^3 = \{(z_1, z_2, z_3)\} \simeq \left\{ Z : Z := \begin{pmatrix} 1 & z_1 & z_2 \\ 0 & 1 & z_3 \\ 0 & 0 & 1 \end{pmatrix} \right\}.$$

再令

$$G := \left\{ g = \begin{pmatrix} 1 & g_1 & g_2 \\ 0 & 1 & g_3 \\ 0 & 0 & 1 \end{pmatrix} : g_j = m_j + in_j, \ m_j, n_j \in \mathbb{Z} \right\}.$$

$G$ 通过矩阵乘法右作用在 $\mathbb{C}^3$ 上. 那么 $M := \mathbb{C}^3/G$ 为紧复流形, 与环面 $T^3$ 同胚, 但不是 Kähler 流形.

**证明**　对于

$$Z = \begin{pmatrix} 1 & z_1 & z_2 \\ 0 & 1 & z_3 \\ 0 & 0 & 1 \end{pmatrix} \in \mathbb{C}^3, \quad g = \begin{pmatrix} 1 & g_1 & g_2 \\ 0 & 1 & g_3 \\ 0 & 0 & 1 \end{pmatrix} \in G,$$

我们有

$$Z' := Z \cdot g = \begin{pmatrix} 1 & z_1' & z_2' \\ 0 & 1 & z_3' \\ 0 & 0 & 1 \end{pmatrix},$$

其中 $z_1' = z_1 + g_1$, $z_3' = z_3 + g_3$, $z_2' = z_2 + g_2 + g_3 z_1$. 由于

$$dz_1' = dz_1, \quad dz_3' = dz_3, \quad dz_2' = dz_2 + g_3 dz_1 = dz_2 + (z_3' - z_3) dz_1,$$

故 $\mathbb{C}^3$ 中的全纯 1-形式 $\varphi := dz_2 - z_3 dz_1$ 满足

$$\varphi = dz_2' - z_3' dz_1',$$

即 $\varphi$ 为一个 $G$-不变全纯 1-形式, 从而诱导出 $M$ 上一个全纯 1-形式. 另一方面, 我们有 $d\varphi = -dz_3 \wedge dz_1 \neq 0$, 故由命题 7.3.10 可知 $M$ 非 Kähler 流形.                                                                 □

设 $\omega = i\partial\bar{\partial}|z|^2$, $\gamma = i \sum_{j,k=1}^{n} \gamma_{jk} dz_j \wedge d\bar{z}_k$ 以及 $u = \sum'_{I,J} u_{IJ} dz_I \wedge d\bar{z}_J$, 我们来计算 $[\gamma, \Lambda]u$. 由于

$$\Lambda u = i(-1)^p \sum_{I,J}{}' u_{IJ} \sum_j \left( \frac{\partial}{\partial z_j} \lrcorner \, dz_I \right) \wedge \left( \frac{\partial}{\partial \bar{z}_j} \lrcorner \, d\bar{z}_J \right),$$

$$\gamma \wedge u = i(-1)^p \sum_{I,J}{}' u_{IJ} \sum_{j,k} \gamma_{jk} dz_j \wedge dz_I \wedge d\bar{z}_k \wedge d\bar{z}_J,$$

故

$$\gamma \wedge \Lambda u = \sum_{I,J}{}' u_{IJ} \sum_{j,k,l} \gamma_{jk} dz_j \wedge \left( \frac{\partial}{\partial z_l} \lrcorner \, dz_I \right) \wedge d\bar{z}_k \wedge \left( \frac{\partial}{\partial \bar{z}_l} \lrcorner \, d\bar{z}_J \right),$$

$$\Lambda(\gamma \wedge u) = \sum_{I,J}{}' u_{IJ} \sum_{j,k,l} \gamma_{jk} \left[ \frac{\partial}{\partial z_l} \lrcorner \, (dz_j \wedge dz_I) \right] \wedge \left[ \frac{\partial}{\partial \bar{z}_l} \lrcorner \, (d\bar{z}_k \wedge d\bar{z}_J) \right].$$

注意到命题 7.3.2 在流形上也成立, 故有

$$
\begin{aligned}
[\gamma, \Lambda]u = & \sideset{}{'}\sum_{I,J} \sum_{j,k} \gamma_{jk} u_{IJ} \left[ dz_j \wedge \left( \frac{\partial}{\partial z_k} \lrcorner\, dz_I \right) \wedge d\bar{z}_J \right] \\
& + \sideset{}{'}\sum_{I,J} \sum_{j,k} \gamma_{jk} u_{IJ} \left[ dz_I \wedge d\bar{z}_k \wedge \left( \frac{\partial}{\partial \bar{z}_j} \lrcorner\, d\bar{z}_J \right) \right] \\
& - \sideset{}{'}\sum_{I,J} \sum_{j} \gamma_{jj} u_{IJ} dz_I \wedge d\bar{z}_J.
\end{aligned} \tag{7.16}
$$

特别地, 如果 $u = \sideset{}{'}\sum_J u_J dz_1 \wedge \cdots \wedge dz_n \wedge d\bar{z}_J$ 是一个 $(n,q)$-形式, 并且记 $u_{jK} = \varepsilon_{jK}^J u_J$, 那么 (7.16) 表明

$$
([\gamma, \Lambda]u, u) = \sideset{}{'}\sum_{K} \sum_{j,k} \gamma_{jk} u_{jK} \bar{u}_{kK}. \tag{7.17}
$$

若 $(M, \omega)$ 为 Kähler 流形, $(L, h)$ 为 $M$ 上一个 Hermitian 线丛, $\gamma$ 为 $M$ 上的 $(1,1)$-形式. 对于任意给定的 $x_0 \in M$, 记 $\gamma_1, \cdots, \gamma_n$ 为 $\gamma$ 相应于 $\omega$ 在 $x_0$ 处的特征值. 那么可取 $x_0$ 处的局部坐标 $z$, 使得

$$
\omega = i\partial\bar{\partial}|z|^2 + O(|z|), \quad \gamma = i\sum \gamma_j dz_j \wedge d\bar{z}_j + O(|z|).
$$

对于 $u = \sideset{}{'}\sum_{I,J} u_{IJ} dz_I \wedge d\bar{z}_J \otimes \xi \in C_{(p,q)}^{\infty}(M, L)$, 由 (7.16) 有

$$
[\gamma, \Lambda]u(x_0) = \sideset{}{'}\sum_{I,J} u_{IJ}(x_0) \gamma_{IJ} dz_I \wedge d\bar{z}_J \otimes \xi, \tag{7.18}
$$

其中 $\gamma_{IJ} = \sum_{j \in I} \gamma_j + \sum_{j \in J} \gamma_j - \sum_{j=1}^{n} \gamma_j$. 于是

$$
([\gamma, \Lambda]u, u) = \sideset{}{'}\sum_{I,J} \gamma_{IJ} |u_{IJ}|^2 \quad \text{于} \quad x_0. \tag{7.19}
$$

若 $\gamma_{IJ} \neq 0, \forall I, J$, 则定义

$$
([\gamma, \Lambda]^{-1} u, u) := \sideset{}{'}\sum_{I,J} \frac{|u_{IJ}|^2}{\gamma_{IJ}} \quad \text{于} \quad x_0.
$$

在后面的应用中, 我们常常取 $\gamma = \Theta_h = i\partial\bar{\partial}\varphi$.

**定义 7.3.12** 设 $(L, h)$ 为复流形 $M$ 上的一个 Hermitian 线丛. 称 $L$ 为正的 (或负的) 若 $\Theta_h > 0$ (或 $\Theta_h < 0$), 记为 $L > 0$ (或 $L < 0$).

记 $\mathcal{H}^{p,q}(M, L)$ 为取值在 $L$ 中的调和 $(p, q)$-形式全体.

**定理 7.3.13**(Nakano 消灭定理) 设 $M$ 是一个紧复流形, $L$ 为 $M$ 上 Hermitian 线丛. 那么当 (a) $L > 0$ 且 $p + q > n$ 或 (b) $L < 0$ 且 $p + q < n$ 成立时, 有 $\mathcal{H}^{p,q}(M, L) = 0$.

**证明** 先假设 (a) 成立. 则存在 $L$ 上的一个 Hermitian 度量 $h = e^{-\varphi}$, 使得 $\omega := \Theta_h = i\partial\bar{\partial}\varphi$ 为 $M$ 上的一个 Kähler 度量. 由 Bochner-Kodaira-Nakano 公式以及 (7.19) 可知, 对任意 $u \in \mathcal{H}^{p,q}(M, L)$ 有

$$0 = \langle \Box_\varphi u, u \rangle \geqslant \langle [i\partial\bar{\partial}\varphi, \Lambda] u, u \rangle_\varphi = (p + q - n) \|u\|_\varphi^2.$$

于是 $\|u\|_\varphi^2 = 0$, 即 $u \equiv 0$.

如果 (b) 成立, 那么 $\omega := -\Theta_h$ 为 $M$ 上的 Kähler 度量. 当 $u \in \mathcal{H}^{p,q}(M, L)$ 时, 我们同样有

$$0 = \langle \Box_\varphi u, u \rangle \geqslant \langle [i\partial\bar{\partial}\varphi, \Lambda] u, u \rangle_\varphi = (n - p - q) \|u\|_\varphi^2.$$

于是也有 $u \equiv 0$. $\square$

## 7.4 奇异 Hermitian 度量的 $C^\infty$ 逼近

**定义 7.4.1** 如果复流形 $M$ 上的函数 $\psi : M \to [-\infty, \infty)$ 可以局部表示为一个光滑函数与一个多次调和函数之和, 则称 $\psi$ 为一个拟多次调和函数. 记 $QPSH(M)$ 为 $M$ 上的拟多次调和函数全体.

对于任意 $\psi \in QPSH(M)$, 我们可以在流的意义下定义 $i\partial\bar{\partial}\psi$. 设 $\gamma$ 为 $M$ 上的一个连续 $(1,1)$-形式, 令

$$PSH(M, \gamma) := \left\{ \psi \in QPSH(M) : i\partial\bar{\partial}\psi + \gamma \geqslant 0 \right\}.$$

设 $L$ 为复流形 $M$ 上的一个全纯线丛. 若 $h_0 = e^{-\varphi_0}$ 为 $L$ 上的一个光滑 Hermitian 度量, $\psi \in PSH(M, \Theta_{h_0})$, 则称 $h := h_0 e^{-\psi}$ 为 $L$ 上的一个奇

异 Hermitian 度量. 注意到 $h$ 也可以写作 $e^{-\varphi}$, 其中 $\varphi = \varphi_0 + \psi$. 此时, $\varphi$ 局部地等于一个多次调和函数且有

$$\Theta_h = i\partial\bar{\partial}\varphi := \Theta_{h_0} + i\partial\bar{\partial}\psi.$$

**例 7.4.2**　设 $F_1, \cdots, F_m$ 为 $L$ 上的全纯截影, $\{U_\alpha\}$ 为 $M$ 上的开覆盖, $\xi_\alpha$ 为 $L$ 在 $U_\alpha$ 上的一个局部标架. 令 $F_\beta = f_\beta^\alpha \otimes \xi_\alpha$ 以及

$$\varphi_\alpha := \log \sum_{\beta=1}^{m} a_\beta |f_\beta^\alpha|^2, \quad a_\beta > 0,$$

那么 $h = e^{-\varphi}$, $\varphi := \{\varphi_\alpha\}$ 为 $L$ 上的一个奇异 Hermitian 度量. 这样的奇异度量具有解析奇性, 在代数几何中有着重要应用.

复流形上奇异 Hermitian 度量的 $C^\infty$ 逼近远比区域上多次调和函数的 $C^\infty$ 逼近复杂. 设 $h_0 = e^{-\varphi_0}$ 为 $L$ 上的一个光滑 Hermitian 度量, $h = e^{-\varphi}$ 为 $L$ 上的一个奇异 Hermitian 度量. 那么

$$\psi := \varphi - \varphi_0 = \log(h_0/h) \in PSH(M, \Theta_{h_0}).$$

于是问题就转化为拟多次调和函数的 $C^\infty$ 逼近.

**定理 7.4.3**(Demailly; Blocki-Kolodzeij[6])　设 $\gamma$ 和 $\omega$ 为复流形 $M$ 上的连续 $(1,1)$-形式, 且 $\omega > 0$. 设 $\psi \in L^\infty_{\text{loc}}(M) \cap PSH(M, \gamma)$. 则对任意开集 $M' \subset\subset M$, 存在一列正数 $\varepsilon_j \downarrow 0$ 以及一列函数 $\psi_j \in C^\infty(M') \cap PSH(M, \gamma + \varepsilon_j \omega)$, 使得 $\psi_j \downarrow \psi$.

对于开集 $U \subset \mathbb{C}^n$, 定义

$$U_\delta := \{z \in U : d(z, \partial U) > \delta\}, \quad \delta > 0.$$

设 $\chi$ 为 $\mathbb{R}$ 上的一个非负截断函数, 使得 $\chi|_{[1,\infty)} = 0$ 且 $\int_{\mathbb{C}^n} \chi(|z|) = 1$. 令 $\chi_\delta(z) := \chi(|z|/\delta)/\delta^{2n}$. 若 $\phi \in PSH(U)$, 则

$$\phi_\delta := \phi * \chi_\delta \in PSH \cap C^\infty(U_\delta) \quad \text{且} \quad \phi_\delta \downarrow \phi \quad (\delta \downarrow 0).$$

若进一步假设 $\phi \in C(U)$, 则 $\phi_\delta$ 在 $U$ 上内闭匀敛于 $\phi$.

**引理 7.4.4** 设 $U, V \subset \mathbb{C}^n$ 为开集, $F : U \to V$ 为双全纯映射. 对于 $\phi \in PSH(U) \cap L^\infty_{\mathrm{loc}}(U)$, 定义 $\phi_\delta^F := (\phi \circ F^{-1})_\delta \circ F$. 那么 $\phi_\delta^F - \phi_\delta$ 在 $U$ 上内闭匀敛于 0.

**证明** 令 $\widehat{\phi}_\delta(z) = \max_{\overline{B_\delta(z)}} \phi$. 由 $\phi$ 的多次调和性可知, 对于固定的 $z$, $\widehat{\phi}_\delta$ 关于 $\log \delta$ 凸增. 故对于每个 $a \geqslant 1$ 以及 $r > 0$, 有

$$0 < \widehat{\phi}_{a\delta} - \widehat{\phi}_\delta \leqslant \frac{\log a}{\log(r/\delta)} \left( \widehat{\phi}_r - \widehat{\phi}_\delta \right), \quad \forall \delta \ll 1. \tag{7.20}$$

因为 $\phi \in L^\infty_{\mathrm{loc}}(U)$, 所以当 $\delta \to 0$ 时 $\widehat{\phi}_{a\delta} - \widehat{\phi}_\delta$ 在 $U$ 上内闭匀敛于 0.

记

$$\widehat{\phi}_\delta^F(z) := (\widehat{\phi \circ F^{-1}})_\delta \circ F(z) = \max_{\overline{B_\delta(F(z))}} \phi \circ F^{-1} = \max_{\overline{F^{-1}(B_\delta(F(z)))}} \phi.$$

设 $K \subset U$ 为一个紧集. 由于 $F : U \to V$ 为双全纯映射, 故存在常数 $A > 0$, 使得对任意 $z \in K$ 以及 $\delta \ll 1$, 有

$$\overline{B_\delta(F(z))} \subset F(\overline{B_{A\delta}(z)}) \quad \text{以及} \quad F(\overline{B_\delta(z)}) \subset \overline{B_{A\delta}(F(z))}.$$

于是在 $K$ 上成立

$$\widehat{\phi}_{\delta/A} \leqslant \widehat{\phi}_\delta^F \leqslant \widehat{\phi}_{A\delta}.$$

再结合 (7.20) 即得 $\widehat{\phi}_\delta^F - \widehat{\phi}_\delta$ 在 $U$ 上内闭匀敛于 0. 因此根据下面的引理即得. $\qquad\square$

**引理 7.4.5** 若 $\phi \in PSH \cap L^\infty_{\mathrm{loc}}(U)$, 则当 $\delta \to 0$ 时 $\widehat{\phi}_\delta - \phi_\delta$ 在 $U$ 上内闭匀敛于 0.

**证明** 令

$$\widetilde{\phi}_\delta(z) := \frac{1}{|\partial B_\delta(z)|} \int_{\partial B_\delta(z)} \phi.$$

由 $\phi$ 的 (多) 次调和性可知 $\widetilde{\phi}_\delta$ 关于 $\log \delta$ 凸增. 由卷积的定义可知

$$\phi_\delta(z) = \int_0^1 \widetilde{\phi}_{t\delta}(z) \widetilde{\chi}(t) dt, \quad \widetilde{\chi}(t) := \sigma_n \chi(t) t^{2n-1},$$

其中 $\sigma_n$ 为 $\mathbb{C}^n$ 中单位球面的面积. 因为 $\widetilde{\phi}_{t\delta} \leqslant \widetilde{\phi}_\delta$ 且 $\int_0^1 \widetilde{\chi}(t)dt = 1$, 所以 $\phi_\delta \leqslant \widetilde{\phi}_\delta$. 于是

$$0 \leqslant \widetilde{\phi}_\delta - \phi_\delta \leqslant \int_0^1 \left( \widetilde{\phi}_\delta - \widetilde{\phi}_{t\delta} \right) \widetilde{\chi}(t)dt$$

$$\leqslant \int_0^1 \frac{\log 1/t}{\log \delta'/(t\delta)} \left( \widetilde{\phi}_{\delta'} - \widetilde{\phi}_{t\delta} \right) \widetilde{\chi}(t)dt, \quad \delta' > \delta,$$

其中最后一步用到了 $\widetilde{\phi}_\delta$ 关于 $\log\delta$ 的凸性. 因为 $\phi$ 局部有界, 所以当 $\delta \to 0$ 时上不等式最右边的积分在 $U$ 上内闭匀敛于 0, 从而 $\widetilde{\phi}_\delta - \phi_\delta$ 在 $U$ 上也内闭匀敛于 0.

接下来我们证明

$$0 \leqslant \widehat{\phi}_\delta - \widetilde{\phi}_\delta \leqslant \frac{3^{2n-1}}{2^{2n-2}} \left( \widehat{\phi}_\delta - \widehat{\phi}_{\delta/2} \right). \tag{7.21}$$

注意到 (7.20) 和 (7.21) 表明 $\widehat{\phi}_\delta - \widetilde{\phi}_\delta$ 在 $U$ 上也内闭匀敛于 0, 从而就可以完成引理的证明.

不妨设 $z = 0$. 若 $u \leqslant 0$ 在 $\overline{B}_r$ 上次调和, 则

$$u(\zeta) \leqslant \int_{\partial B_r} u \cdot P_r(\zeta, \cdot) \leqslant \frac{r^{2n-2}(r - |\zeta|)}{(r + |\zeta|)^{2n-1}} \frac{1}{|\partial B_r|} \int_{\partial B_r} u,$$

其中 $P_r$ 为 $B_r$ 上的 Poisson 核. 于是, 当 $s < r$ 时有

$$\widehat{u}_s(0) \leqslant \frac{r^{2n-2}(r - s)}{(r + s)^{2n-1}} \frac{1}{|\partial B_r|} \int_{\partial B_r} u.$$

取 $u = \phi - \widehat{\phi}_r(0)$ 代入上式即得

$$\widehat{\phi}_s(0) - \widehat{\phi}_r(0) \leqslant \frac{r^{2n-2}(r - s)}{(r + s)^{2n-1}} \left( \widetilde{\phi}_r(0) - \widehat{\phi}_r(0) \right).$$

再取 $r = \delta$ 以及 $s = \delta/2$ 即得 (7.21). □

**定义 7.4.6** 设 $\eta : \mathbb{R} \to [0, +\infty)$ 为一个光滑偶函数, 满足 $\mathrm{supp}\,\eta \subset [-1, 1]$ 以及 $\displaystyle\int_{\mathbb{R}} \eta = 1$. 令 $\tau = (\tau_1, \cdots, \tau_p)$, 其中 $\tau_i > 0$. 我们称

$$M_\tau(t_1, \cdots, t_p) := \int_{\mathbb{R}^p} \max\{t_1 + s_1, \cdots, t_p + s_p\} \prod_{i=1}^{p} \frac{\eta(s_i/\tau_i)}{\tau_i}\, ds_1 \cdots ds_p$$

为正则化最大函数.

**引理 7.4.7** (1) $M_\tau(t_1, \cdots, t_p)$ 为光滑凸函数且关于每个 $t_i$ 递增;

(2) $\max\{t_1 - \tau_1, \cdots, t_p - \tau_p\} \leqslant M_\tau(t_1, \cdots, t_p) \leqslant \max\{t_1 + \tau_1, \cdots, t_p + \tau_p\}$;

(3) $M_\tau(t_1 + a, \cdots, t_p + a) = M_\tau(t_1, \cdots, t_p) + a$;

(4) 若 $u_1, \cdots, u_p \in C^\infty(U) \cap PSH(U, \gamma)$, 其中 $U$ 为复流形 $M$ 中的相对紧开集, 则

$$M_\tau(u_1, \cdots, u_p) \in PSH(U, \gamma).$$

**证明** 由定义即得 (1) $\sim$ (3). 故只需证明 (4). 设 $x_0 \in U$. 对任意 $\varepsilon > 0$, 存在 $x_0$ 的某个邻域 $(U_\varepsilon, z)$ 上的光滑函数 $f_\varepsilon$, 使得

$$0 \leqslant i\partial\bar\partial f_\varepsilon - \gamma \leqslant \varepsilon i\partial\bar\partial |z|^2.$$

于是 $u_{j,\varepsilon} := u_j + f_\varepsilon \in PSH(U_\varepsilon)$ 且由第一个性质可知

$$M_\tau(u_{1,\varepsilon}, \cdots, u_{p,\varepsilon}) \in PSH(U_\varepsilon).$$

另一方面, 由第三个性质可知

$$M_\tau(u_{1,\varepsilon}, \cdots, u_{p,\varepsilon}) = M_\tau(u_1, \cdots, u_p) + f_\varepsilon,$$

从而

$$i\partial\bar\partial M_\tau(u_1, \cdots, u_p) \geqslant -i\partial\bar\partial f_\varepsilon \geqslant -\gamma - \varepsilon i\partial\bar\partial |z|^2.$$

由 $\varepsilon$ 的任意性可知

$$i\partial\bar\partial M_\tau(u_1, \cdots, u_p)|_{x_0} \geqslant -\gamma(x_0). \qquad \square$$

**定理 7.4.3 的证明**　固定 $\varepsilon > 0$. 取有限个坐标邻域 $V_\alpha \subset\subset U_\alpha$, 使得 $\{V_\alpha\}$ 构成 $\overline{M'}$ 的开覆盖且存在 $f_\alpha \in C^\infty(\overline{U}_\alpha)$, 使得

$$0 \leqslant i\partial\bar\partial f_\alpha - \gamma \leqslant \varepsilon\omega.$$

于是 $\phi_\alpha := \psi + f_\alpha \in PSH(\overline{U}_\alpha)$ 且在 $\overline{U}_\alpha$ 的某邻域有界, 故由引理 7.4.4 可知在 $\overline{U}_\alpha \cap \overline{U}_\beta$ 上一致地成立

$$(\phi_\alpha)_\delta - (\phi_\beta)_\delta = (\phi_\alpha)_\delta - (\phi_\alpha)_\delta^F + (\phi_\alpha - \phi_\beta)_\delta^F + (\phi_\beta)_\delta^F - (\phi_\beta)_\delta \to f_\alpha - f_\beta,$$
$$\tag{7.22}$$

这里 $F$ 为相应的坐标转换映射. 取函数 $\eta_\alpha \in C^\infty(\overline{U}_\alpha)$, 使得 $-1 \leqslant \eta_\alpha \leqslant 0$, $\eta_\alpha|_{\overline{V}_\alpha} = 0$ 且 $\eta_\alpha = -1$ 于 $\partial U_\alpha$ 的某邻域. 取 $C = C_\varepsilon > 1$ 满足 $i\partial\bar\partial\eta_\alpha \geqslant -C\omega$. 那么

$$u_{\alpha,\delta}^\varepsilon := (\phi_\alpha)_\delta - f_\alpha + \varepsilon\eta_\alpha/C \in C^\infty(\overline{U}_\alpha) \cap PSH(\overline{U}_\alpha, \gamma + 2\varepsilon\omega).$$

定义

$$\psi_\delta^\varepsilon(z) = \max_{U_\alpha \ni z} u_{\alpha,\delta}^\varepsilon(z).$$

由 (7.22) 可知, 当 $\delta \ll 1$ 时成立

$$u_{\beta,\delta}^\varepsilon(z) < \max_{\overline{V}_\alpha \ni z} u_{\alpha,\delta}^\varepsilon(z) \leqslant \max_{U_\alpha \ni z} u_{\alpha,\delta}^\varepsilon(z), \quad \forall z \in \{\eta_\beta = -1\},$$

故 $\psi_\delta^\varepsilon \in PSH(M', \gamma + 2\varepsilon\omega) \cap C(M')$ 且当 $\delta \to 0$ 以及 $\varepsilon \to 0$ 时有

$$\psi_\delta^\varepsilon(z) \to \psi(z).$$

这里的收敛关于 $\delta$ 为单调下降收敛而关于 $\varepsilon$ 为一致收敛.

最后, 我们将上述论证稍作改动来得到 $C^\infty$ 逼近. 取 $\varepsilon' > 0$, 使得

$$u_{\beta,\delta}^\varepsilon(z) + \varepsilon' < \max_{U_\alpha \ni z}\{u_{\alpha,\delta}^\varepsilon(z) - \varepsilon'\}, \quad \forall z \in \{\eta_\beta = -1\}.$$

令

$$\phi_{\delta,\varepsilon'}^\varepsilon = M_{(\varepsilon',\cdots,\varepsilon')}\left(\{u_{\alpha,\delta}^\varepsilon\}_{U_\alpha \ni z}\right).$$

由引理 7.4.7 可知

$$\phi_{\delta,\varepsilon'}^{\varepsilon} \in C^\infty(M') \cap PSH(M', \gamma + 2\varepsilon\omega) \quad 且 \quad \psi_\delta^\varepsilon - \varepsilon' \leqslant \phi_{\delta,\varepsilon'}^{\varepsilon} \leqslant \psi_\delta^\varepsilon + \varepsilon'.$$

于是可取 $\delta_j \downarrow 0,\, \varepsilon_j \downarrow 0$ 以及 $\varepsilon_j' \downarrow 0$, 使得

$$\psi_j := \phi_{\delta_j,\varepsilon_j'}^{\varepsilon_j/2} + 1/j \in C^\infty(M') \cap PSH(M', \gamma + \varepsilon_j\omega)$$

且 $\psi_j \downarrow \psi$. $\qquad\qquad\qquad\qquad\qquad\qquad\qquad\qquad\qquad\qquad\square$

**推论 7.4.8** 设 $\omega > 0$ 且 $\psi \in L_{\mathrm{loc}}^\infty \cap PSH(M, \omega)$. 那么对于 $M$ 中任意相对紧的开子集 $M'$, 存在 $\psi_j \in C^\infty(M') \cap PSH(M', \omega)$, 使得 $\psi_j \downarrow \psi$.

**证明** 取常数 $c \gg 1$, 使得 $\psi_c := \psi - c \leqslant -1$ 于 $\overline{M'}$. 由定理 7.4.3 可知存在 $\widetilde{\psi}_{j,c} \in C^\infty(M') \cap PSH(M', \omega + \varepsilon_j\omega)$, 其中 $\varepsilon_j \downarrow 0$, 使得 $\widetilde{\psi}_{j,c} \downarrow \psi_c$. 另一方面, 相应于 $\psi_c$ 成立

$$u_{\alpha,\delta}^\varepsilon = (\phi_\alpha)_\delta - f_\alpha + \varepsilon\eta_\alpha/C \leqslant -1 + (f_\alpha)_\delta - f_\alpha,$$

因此我们不妨假设 $\widetilde{\psi}_{j,c} < 0$. 于是

$$\psi_{j,c} := \frac{\widetilde{\psi}_{j,c}}{1 + \varepsilon_j} \in C^\infty(M') \cap PSH(M', \omega) \quad 且 \quad \psi_{j,c} \downarrow \psi_c.$$

只需取 $\psi_j = \psi_{j,c} + c$ 即可. $\qquad\qquad\qquad\qquad\qquad\qquad\qquad\square$

**注** 类似地可以证明在推论 7.4.8 的条件下, 如果 $\{M_j\}$ 是 $M$ 中一列相对紧的开集且满足 $M_j \subset\subset M_{j+1}$ 以及 $\bigcup_{j=1}^\infty M_j = M$, 那么存在 $\psi_j \in C^\infty(M_j) \cap PSH(M_j, \omega)$, 使得 $\psi_j \downarrow \psi$.

# 第 8 章 完备 Kähler 流形上的 $L^2$ 估计

## 8.1 Laplace-Beltrami 方程 (Dirichlet 条件)

设 $(M,\omega)$ 为 Kähler 流形, $L$ 为 $M$ 上的全纯线丛, $M' \subset\subset M$ 为一开集. 设 $h = e^{-\varphi}$ 为 $M$ 上的一个光滑 Hermitian 度量, 且在 $\overline{M'}$ 上满足 $\Theta_h = i\partial\bar{\partial}\varphi > 0$. 下面我们考虑的是 $M'$ 上的内积与范数. 由 Bochner-Kodaira-Nakano 公式可知

$$\|\bar{\partial}u\|_\varphi^2 + \|\bar{\partial}_\varphi^* u\|_\varphi^2 \geq \langle[i\partial\bar{\partial}\varphi, \Lambda]u, u\rangle_\varphi, \quad \forall u \in \mathcal{D}_{(n,q)}(M', L). \qquad (8.1)$$

记 $C_\varphi$ 为 $i\partial\bar{\partial}\varphi$ 相应于 $\omega$ 的最小特征值在 $M'$ 上的最小值. 则由 (7.19) 可知

$$\langle[i\partial\bar{\partial}\varphi, \Lambda]u, u\rangle_\varphi \geq qC_\varphi\|u\|_\varphi^2.$$

我们引入 $\mathcal{D}_{(n,q)}(M', L)$ 上的一个 Hermitian 形式如下:

$$F(u, v) := \langle\bar{\partial}u, \bar{\partial}v\rangle_\varphi + \langle\bar{\partial}_\varphi^* u, \bar{\partial}_\varphi^* v\rangle_\varphi.$$

记 $\|u\|_F := \sqrt{F(u, u)}$. 由前面两个不等式可知当 $q \geq 1$ 时, $\|\cdot\|_F$ 是一个范数而 $F(\cdot, \cdot)$ 为相应的内积. 设 $H$ 为 $\mathcal{D}_{(n,q)}(M', L)$ 关于该范数的完备化空间.

**命题 8.1.1** 对任意 $v \in L_{(n,q)}^2(M', L)$, $q \geq 1$, 存在唯一的 $w \in H$, 使得

$$F(u, w) = \langle u, v\rangle_\varphi, \quad \forall u \in H,$$

且有

$$\|\bar{\partial}w\|_\varphi^2 + \|\bar{\partial}_\varphi^* w\|_\varphi^2 \leq \langle[i\partial\bar{\partial}\varphi, \Lambda]^{-1}v, v\rangle_\varphi.$$

**证明**  考虑线性泛函

$$u \mapsto \langle u, v \rangle_\varphi, \quad u \in H.$$

由 Cauchy-Schwarz 不等式以及 (8.1) 可得

$$|\langle u, v \rangle_\varphi|^2 \leqslant \langle [i\partial\bar{\partial}\varphi, \Lambda] u, u \rangle_\varphi \cdot \langle [i\partial\bar{\partial}\varphi, \Lambda]^{-1} v, v \rangle_\varphi$$

$$\leqslant \|u\|_F^2 \cdot \langle [i\partial\bar{\partial}\varphi, \Lambda]^{-1} v, v \rangle_\varphi < +\infty.$$

于是由 Riesz 表示定理可知存在唯一的 $w \in H$, 使得

$$F(u, w) = \langle u, v \rangle_\varphi, \quad \forall u \in H,$$

而且

$$\|w\|_F^2 \leqslant \langle [i\partial\bar{\partial}\varphi, \Lambda]^{-1} v, v \rangle_\varphi. \qquad \square$$

因为 $\Box_\varphi = \bar{\partial}\bar{\partial}_\varphi^* + \bar{\partial}_\varphi^*\bar{\partial}$, 所以

$$F(u, v) = \langle u, \Box_\varphi v \rangle_\varphi, \quad \forall u, v \in \mathcal{D}_{(n,q)}(M', L),$$

即上一个命题中的 $w$ 为方程 $\Box_\varphi w = v$ 的一个弱解. 由于 $\Box_\varphi$ 为一个强椭圆算子, 故若 $v$ 光滑, 则 $w$ 也光滑 (参考命题 3.2.2 的证明), 即 $w$ 为 Dirichlet 条件的 Laplace-Beltrami 方程的经典解.

## 8.2  $L^2$ 估计

在本节我们主要来证明下面的 $L^2$ 估计 (光滑情形属于 Andreotti-Vesentini 以及 Ohsawa; 一般情形则属于 Demailly).

**定理 8.2.1**  设 $M$ 是一个完备 Kähler 流形, $\omega$ 是 $M$ 上的一个 Kähler 度量 (不一定完备), $L$ 是 $M$ 上的一个全纯线丛. 假设 $L$ 上存在一个光滑的 Hermitian 度量 $h_0 = e^{-\varphi_0}$ 以及一个奇异的 Hermitian 度量 $h = e^{-\varphi}$, 使得 $i\partial\bar{\partial}\varphi_0 \geqslant \gamma$ 且在流的意义下成立 $i\partial\bar{\partial}\varphi \geqslant \gamma$, 其中 $\gamma$ 为 $M$ 上的一个连续正 $(1,1)$-形式. 那么对于任意 $\bar{\partial}$-闭的形式

$$v \in L_{(n,q)}^2(M, L) = L_{(n,q)}^2(M, L; \omega, h), \quad q \geqslant 1,$$

$$\int_M \left([\gamma, \Lambda]^{-1} v, v\right) e^{-\varphi} dV < \infty,$$

方程 $\bar{\partial} u = v$ 存在解满足估计

$$\int_M |u|^2 e^{-\varphi} dV \leqslant \int_M \left([\gamma, \Lambda]^{-1} v, v\right) e^{-\varphi} dV.$$

我们先来证明一个比较引理.

**引理 8.2.2**(Ohsawa; Demailly)  设 $\omega_*$ 为 $M$ 上的另一个 Kähler 度量, 使得 $\omega_* \geqslant \omega$. 则

$$\langle [\gamma, \Lambda_{\omega_*}]^{-1} u, u \rangle_{\omega_*, \varphi} \leqslant \langle [\gamma, \Lambda]^{-1} u, u \rangle_{\varphi}, \quad \forall u \in \mathcal{D}_{(n,q)}(M, L). \tag{8.2}$$

**证明**   对于任意 $x_0 \in M$, 取 $x_0$ 处的坐标 $z$, 使得

$$\omega|_{x_0} = i \sum dz_j \wedge d\bar{z}_j \quad \text{以及} \quad \omega_*|_{x_0} = i \sum \mu_j^* dz_j \wedge d\bar{z}_j, \quad \mu_j^* \geqslant 1.$$

若令 $\zeta_j := \sqrt{\mu_j^*} z_j$, 则有 $\omega_*|_{x_0} = i \sum d\zeta_j \wedge d\bar{\zeta}_j$. 注意到

$$u := \sum_J{}' u_J dz_1 \wedge \cdots \wedge dz_n \wedge d\bar{z}_J \otimes \xi$$

$$= \sum_J{}' \frac{u_J d\zeta_1 \wedge \cdots \wedge d\zeta_n \wedge d\bar{\zeta}_J \otimes \xi}{\sqrt{\prod\limits_{j=1}^n \mu_j^* \cdot \prod\limits_{j \in J} \mu_j^*}},$$

其中 $\xi$ 是 $L$ 在 $x_0$ 的某邻域上的全纯标架, 且 $|\xi|_{x_0} = 1$. 记

$$\gamma := i \sum_{j,k=1}^n \gamma_{jk} dz_j \wedge d\bar{z}_k = i \sum_{j,k=1}^n \frac{\gamma_{jk}}{\sqrt{\mu_j^* \mu_k^*}} d\zeta_j \wedge d\bar{\zeta}_k.$$

于是从 (7.17) 推出在 $x_0$ 成立

$$([\gamma, \Lambda_{\omega^*}] u, u)_{\omega_*, \varphi} = \sum_K{}' \sum_{j,k} \gamma_{jk} \frac{u_{jK} \bar{u}_{kK} e^{-\varphi}}{\prod\limits_{l=1}^n \mu_l^* \cdot \prod\limits_{l \in K} \mu_l^* \cdot \mu_j^* \mu_k^*}.$$

若令

$$Su(x_0) := \sum_{J}{}' \frac{u_J(x_0)}{\prod\limits_{l=1}^{n} \mu_l^* \cdot \prod\limits_{l \in J} \mu_l^*} dz_1 \wedge \cdots \wedge dz_n \wedge d\bar{z}_J \otimes \xi,$$

则在 $x_0$ 处有

$$([\gamma, \Lambda_{\omega^*}]u, u)_{\omega^*,\varphi} \geqslant \prod_{l=1}^{n} \mu_l^* \cdot ([\gamma, \Lambda]Su, Su)_\varphi$$

(这里用到了 $\mu_j^* \geqslant 1$, $1 \leqslant j \leqslant n$). 注意到

$$([\gamma, \Lambda_{\omega^*}]^{-1}u, u)_{\omega^*,\varphi} = \sup\left\{ |(u, w)_{\omega^*,\varphi}|^2 : ([\gamma, \Lambda_{\omega^*}]w, w)_{\omega^*,\varphi} \leqslant 1 \right\},$$

而

$$|(u, w)_{\omega^*,\varphi}|^2 = |(u, Sw)_\varphi|^2 \leqslant ([\gamma, \Lambda]^{-1}u, u)_\varphi ([\gamma, \Lambda]Sw, Sw)_\varphi,$$

于是我们有

$$([\gamma, \Lambda_{\omega^*}]^{-1}u, u)_{\omega^*,\varphi} \leqslant \frac{1}{\prod\limits_{l=1}^{n} \mu_l^*} ([\gamma, \Lambda]^{-1}u, u)_\varphi,$$

记 $dV_*$ 和 $dV$ 分别为相应于 $\omega_*$ 和 $\omega$ 的体积元. 则有 $dV_* = \prod_{l=1}^{n} \mu_l^* dV$. 那么在 $x_0$ 处有

$$([\gamma, \Lambda_{\omega^*}]^{-1}u, u)_{\omega^*,\varphi} dV_* \leqslant ([\gamma, \Lambda]^{-1}u, u)_\varphi dV.$$

由 $x_0$ 的任意性可知上式在 $M$ 上处处成立, 最后对上式两边在 $M$ 上积分即得 (8.2). $\qquad\square$

我们还需要下面的逼近引理.

**引理 8.2.3** 设 $(M, \omega)$ 为一个完备 Kähler 流形, $L$ 为 $M$ 上的全纯线丛, $h = e^{-\varphi}$ 为 $L$ 上的一个奇异 Hermitian 度量且 $\varphi \in L^\infty_{\text{loc}}(M)$. 设 $\gamma$ 为 $M$ 上的一个连续正 $(1,1)$-形式, $v \in L^2_{(n,q)}(M, L)$ 满足 $\bar{\partial}v = 0$ 以及

$\langle [\gamma, \Lambda]^{-1} v, v \rangle_\varphi < \infty.$ 则存在一列 $v_j \in L^2_{(n,q)}(M, L) \cap C^\infty_{(n,q)}(M, L)$, 使得 $\|\bar{\partial} v_j\|_\varphi \to 0$ 且

$$\langle [\gamma, \Lambda]^{-1}(v_j - v), v_j - v \rangle_\varphi \to 0.$$

**证明**　因为 $\omega$ 完备, 所以存在 $M$ 上的一个非负光滑穷竭函数 $\rho$, 使得 $|d\rho|_\omega \leqslant 1$. 取截断函数 $\chi : \mathbb{R} \to [0, 1]$, 使得 $\chi|_{(-\infty, 1/2]} = 1$ 且 $\chi|_{[1, +\infty)} = 0$. 令 $\chi_j := \chi(\rho/j)$. 则有

$$\langle [\gamma, \Lambda]^{-1}(\chi_j v - v), \chi_j v - v \rangle_\varphi \leqslant \int_{\{\rho \geqslant j/2\}} ([\gamma, \Lambda]^{-1} v, v) e^{-\varphi} dV \to 0.$$

另一方面, 由于 $\bar{\partial}(\chi_j v) = \bar{\partial}\chi_j \wedge v$, 故

$$\|\bar{\partial}(\chi_j v)\|_\varphi \leqslant \sup |\bar{\partial}\chi_j|_\omega \cdot \|v\|_\varphi \leqslant \frac{\sup |\chi'|}{j} \cdot \|v\|_\varphi \to 0.$$

对于每一个整数 $j$, 我们取 $\mathrm{supp}(\chi_j v)$ 的一个有限开覆盖 $\{U_\alpha\}$, 使得 $U_\alpha$ 是 $M$ 的坐标邻域且满足 $L|_{U_\alpha}$ 平凡. 再取从属于 $\{U_\alpha\}$ 的单位分解 $\{\kappa_\alpha\}$. 令 $\widetilde{v}_{\alpha,j} := \kappa_\alpha \chi_j v$. 我们考虑经典的正则化 $\widetilde{v}_{\alpha,j} * \theta_\varepsilon$. 因为 $\varphi \in L^\infty_{\mathrm{loc}}(M)$, 所以

$$\langle [\gamma, \Lambda]^{-1}(\widetilde{v}_{\alpha,j} * \theta_\varepsilon - \widetilde{v}_{\alpha,j}), \widetilde{v}_{\alpha,j} * \theta_\varepsilon - \widetilde{v}_{\alpha,j} \rangle_\varphi \to 0 \quad (\varepsilon \to 0).$$

又因为 $\bar{\partial}(\widetilde{v}_{\alpha,j} * \theta_\varepsilon) = (\bar{\partial}\widetilde{v}_{\alpha,j}) * \theta_\varepsilon$, 所以

$$\|\bar{\partial}(\widetilde{v}_{\alpha,j} * \theta_\varepsilon) - \bar{\partial}\widetilde{v}_{\alpha,j}\|_\varphi \to 0 \quad (\varepsilon \to 0).$$

注意到

$$\sum_\alpha \widetilde{v}_{\alpha,j} = \chi_j v,$$

因此我们只需取 $v_j = \sum_\alpha \widetilde{v}_{\alpha,j} * \theta_{\varepsilon_j}$, 其中 $\{\varepsilon_j\}$ 为一列速降于 0 的整数列. $\qquad\square$

**定理 8.2.1 的证明**　首先我们来说明只需在更强条件 $\Theta_{h_0} > \gamma$, $\Theta_h > \gamma$ 下证明定理即可. 这是因为 $\Theta_{h_0} > \gamma_j, \Theta_h > \gamma_j$, 其中 $\gamma_j :=$

$(1-1/j)\gamma$, 因此方程 $\bar{\partial}u = v$ 存在弱解 $u_j$, 使得

$$\int_M |u_j|^2 e^{-\varphi}dV \leqslant \int_M ([\gamma_j, \Lambda]^{-1}v, v)e^{-\varphi}dV$$

$$= \left(1 - \frac{1}{j}\right)^{-1} \int_M ([\gamma, \Lambda]^{-1}v, v)e^{-\varphi}dV.$$

由 Banach-Alaoglu 定理, 取 $\{u_j\}$ 的一个 $L^2_{(n,q-1)}(M, L; \mathrm{loc})$-弱极限即可.

接下来我们在附加条件 $\Theta_{h_0} > \gamma$, $\Theta_h > \gamma$ 下来证明定理 8.2.1. 我们先假设 $\varphi \in L^\infty_{\mathrm{loc}}(M)$. 设 $\hat{\omega}$ 为 $M$ 上的一个完备 Kähler 度量. 那么对于任意 $\delta > 0$, $\omega_\delta := \omega + \delta\hat{\omega}$ 也为 $M$ 上的一个完备 Kähler 度量. 因为 $\omega_\delta \geqslant \omega$, 所以由引理 8.2.2 可得

$$\langle[\gamma, \Lambda_{\omega_\delta}]^{-1}v, v\rangle_{\omega_\delta, \varphi} \leqslant \langle[\gamma, \Lambda]^{-1}v, v\rangle_\varphi. \tag{8.3}$$

此外, 我们有

$$\langle v, v\rangle_{\omega_\delta, \varphi} \leqslant \langle v, v\rangle_\varphi = \int_M |v|^2 e^{-\varphi}dV.$$

由引理 8.2.3 可知对于任意固定的 $\delta$, 存在一列 $v_j \in C^\infty_{(n,q)}(M, L)$, 使得当 $j \to \infty$ 时有 $\|\bar{\partial}v_j\|_{\omega_\delta, \varphi} \to 0$, 而且

$$\langle[\gamma, \Lambda_{\omega_\delta}]^{-1}(v_j - v), v_j - v\rangle_{\omega_\delta, \varphi} \to 0.$$

取 $M$ 上的一个非负 $C^\infty$ 穷竭函数 $\rho$, 使得 $|d\rho|_{\omega_\delta} \leqslant 1$. 令 $M_j := \{\rho < j\}$. 由于

$$\psi := \varphi - \varphi_0 \in PSH(M, \Theta_{h_0} - \gamma) \quad 且 \quad \Theta_{h_0} - \gamma > 0,$$

故由推论 7.4.8 后面的注可知存在一列

$$\psi_j \in C^\infty(M_{j+1}) \cap PSH(M_{j+1}, \Theta_{h_0} - \gamma)$$

使得 $\psi_j \downarrow \psi$. 令 $\varphi_j := \varphi_0 + \psi_j$. 则 $h_j := e^{-\varphi_j}$ 定义了 $L|_{M_{j+1}}$ 上的一个 $C^\infty$ Hermitian 度量, 且满足

$$\Theta_{h_j} = i\partial\bar{\partial}\varphi_j = i\partial\bar{\partial}\varphi_0 + i\partial\bar{\partial}\psi_j \geqslant \gamma.$$

为简单起见, 我们记 $\bar{\partial}_{\delta,j}^* = \bar{\partial}_{\omega_\delta,\varphi_j}^*$, $\langle\cdot,\cdot\rangle_{\delta,j} = \langle\cdot,\cdot\rangle_{\omega_\delta,\varphi_j}$, $\Box_{\delta,j} = \Box_{\omega_\delta,\varphi_j}$, 依此类推. 将命题 8.1.1 运用至 $(M_j, L; \omega_\delta, h_j)$ 可知方程 $\Box_{\delta,j}w = v_j$ 存在光滑解 $w_{\delta,j}$, 使得

$$
\begin{aligned}
\|\bar{\partial}w_{\delta,j}\|_{\delta,j}^2 + \|\bar{\partial}_{\delta,j}^* w_{\delta,j}\|_{\delta,j}^2 &\leqslant \langle[i\partial\bar{\partial}\varphi_j, \Lambda_\delta]^{-1}v_j, v_j\rangle_{\delta,j} \\
&\leqslant \langle[\gamma, \Lambda_\delta]^{-1}v_j, v_j\rangle_{\delta,j} \\
&\leqslant \langle[\gamma, \Lambda_\delta]^{-1}v_j, v_j\rangle_{\delta,\varphi} \\
&\leqslant 2\langle[\gamma, \Lambda_\delta]^{-1}v, v\rangle_{\delta,\varphi} \quad (\forall j \gg 1). \quad (8.4)
\end{aligned}
$$

令 $u_{\delta,j} = \bar{\partial}_{\delta,j}^* w_{\delta,j}$. (8.4) 表明 $\{u_{\delta,j}\}$ 关于 $j$ 在 $L^2$ 意义下内闭一致有界, 故由 Banach-Alaoglu 定理可知存在子列, 不妨仍记为 $\{u_{\delta,j}\}$, 使得 $u_{\delta,j}$ 弱收敛于某个 $u_\delta$ 于 $L^2_{(n,q-1)}(M, L, \text{loc})$, 且满足

$$
\begin{aligned}
\|u_\delta\|_{\delta,\varphi}^2 &\leqslant \liminf_{j\to\infty} \langle[\gamma, \Lambda_\delta]^{-1}v_j, v_j\rangle_{\delta,\varphi} \\
&= \langle[\gamma, \Lambda_\delta]^{-1}v, v\rangle_{\delta,\varphi} \\
&\leqslant \langle[\gamma, \Lambda]^{-1}v, v\rangle_\varphi \quad (\text{由 } (8.3)).
\end{aligned}
$$

因为 $v_j = \bar{\partial}u_{\delta,j} + \bar{\partial}_{\delta,j}^* \bar{\partial}w_{\delta,j}$ 且 $v_j \to v$ 在分布意义下成立, 所以要证明 $\bar{\partial}u_\delta = v$, 只需证明在分布意义下成立

$$
\bar{\partial}_{\delta,j}^* \bar{\partial}w_{\delta,j} \to 0 \quad (j \to \infty). \quad (8.5)
$$

令 $\kappa_j = \chi(2\rho/j)$, 其中 $\chi$ 如引理 8.2.3 的证明. 则有 $\text{supp }\kappa_j \subset M_j$. 由于 $\bar{\partial}v_j = \bar{\partial}\,\bar{\partial}_{\delta,j}^* \bar{\partial}w_{\delta,j}$, 故

$$
\begin{aligned}
&\langle\bar{\partial}v_j, \kappa_j^2 \bar{\partial}w_{\delta,j}\rangle_{\delta,j} \\
&= \langle\bar{\partial}\,\bar{\partial}_{\delta,j}^* \bar{\partial}w_{\delta,j}, \kappa_j^2 \bar{\partial}w_{\delta,j}\rangle_{\delta,j} \\
&= \langle\bar{\partial}(\kappa_j^2 \bar{\partial}_{\delta,j}^* \bar{\partial}w_{\delta,j}), \bar{\partial}w_{\delta,j}\rangle_{\delta,j} - 2\langle\kappa_j \bar{\partial}\kappa_j \wedge \bar{\partial}_{\delta,j}^* \bar{\partial}w_{\delta,j}, \bar{\partial}w_{\delta,j}\rangle_{\delta,j}.
\end{aligned}
$$

于是当 $j$ 充分大时成立

$$\|\kappa_j \bar{\partial}^*_{\delta,j} \bar{\partial} w_{\delta,j}\|^2_{\delta,j}$$

$$\leqslant \|\bar{\partial} w_{\delta,j}\|_{\delta,j} \left( \|\bar{\partial} v_j\|_{\delta,j} + \frac{4}{j} \sup |\chi'| \cdot \|\kappa_j \bar{\partial}^*_{\delta,j} \bar{\partial} w_{\delta,j}\|_{\delta,j} \right)$$

$$\leqslant \sqrt{2} \langle [\gamma, \Lambda_\delta]^{-1} v, v \rangle^{1/2}_{\delta,\varphi} \cdot \left( \|\bar{\partial} v_j\|_{\delta,\varphi} + \frac{4}{j} \sup |\chi'| \cdot \|\kappa_j \bar{\partial}^*_{\delta,j} \bar{\partial} w_{\delta,j}\|_{\delta,j} \right),$$

使得

$$\|\kappa_j \bar{\partial}^*_{\delta,j} \bar{\partial} w_{\delta,j}\|_{\delta,j} \to 0 \quad (j \to \infty).$$

任意固定开集 $M' \subset\subset M$. 取 $j_0 \gg 1$, 使得 $\kappa_j|_{M'} = 1, \forall j \geqslant j_0$. 对于 $f \in \mathcal{D}_{(n,q-1)}(M', L)$, 有

$$\langle \bar{\partial}^*_{\delta,j} \bar{\partial} w_j, f \rangle_{\delta,j_0} = \langle \kappa_j \bar{\partial}^*_{\delta,j} \bar{\partial} w_j, f \rangle_{\delta,j_0}$$

$$\leqslant \|\kappa_j \bar{\partial}^*_{\delta,j} \bar{\partial} w_j\|_{\delta,j_0} \cdot \|f\|_{\delta,j_0}$$

$$\leqslant \|\kappa_j \bar{\partial}^*_{\delta,j} \bar{\partial} w_j\|_{\delta,j} \cdot \|f\|_{\delta,j_0} \to 0 \quad (j \to \infty),$$

由此即得 (8.5), 使得 $\bar{\partial} u_\delta = v$ 在分布意义下成立且满足

$$\|u_\delta\|^2_{\delta,\varphi} \leqslant \langle [\gamma, \Lambda]^{-1} v, v \rangle_\varphi.$$

于是 $\{u_\delta\}$ 在 $L^2$ 意义下内闭一致有界. 取 $u$ 为 $\delta \to 0$ 时 $\{u_\delta\}$ 的一个弱极限. 那么 $\bar{\partial} u = v$ 在 $M$ 上成立且满足

$$\|u\|^2_\varphi \leqslant \liminf_{\delta \to 0} \|u_\delta\|^2_{\delta,\varphi} \leqslant \langle [\gamma, \Lambda]^{-1} v, v \rangle_\varphi.$$

对于一般的 $\varphi$, 我们令 $\widetilde{\psi}_k := \max\{\psi, -k\}$, 其中 $\psi = \varphi - \varphi_0$. 因为

$$\psi \in PSH(M, \Theta_{h_0} - \gamma) \quad 且 \quad \Theta_{h_0} - \gamma \geqslant 0,$$

所以 $\widetilde{\psi}_k \in PSH(M, \Theta_{h_0} - \gamma)$. 若令 $\widetilde{\varphi}_k := \varphi_0 + \widetilde{\psi}_k$, $h_k := e^{-\widetilde{\varphi}_k}$, 则有 $i\partial\bar{\partial}\widetilde{\varphi}_k \geqslant \gamma$, $\widetilde{\varphi}_k \in L^\infty_{\text{loc}}(M)$ 且 $\widetilde{\varphi}_k \downarrow \varphi$. 于是方程 $\bar{\partial} u = v$ 存在弱解 $u_k$, 使得

$$\int_M |u_k|^2 e^{-\widetilde{\varphi}_k} dV \leqslant \langle [\gamma, \Lambda]^{-1} v, v \rangle_{\widetilde{\varphi}_k} \leqslant \langle [\gamma, \Lambda]^{-1} v, v \rangle_\varphi.$$

类似地, 我们只需取 $\{u_k\}$ 的一个弱极限即可. □

**命题 8.2.4**　设 $z$ 为 $x_0$ 处一个复坐标, 使得 $\omega = i\partial\bar{\partial}|z|^2 + O(|z|^2)$ 在 $x_0$ 附近成立. 设 $\gamma = i\sum_{j,k}\gamma_{jk}dz_j \wedge d\bar{z}_k > 0$ 以及 $v = \sum_j v_j dz_1 \wedge \cdots \wedge dz_n \wedge d\bar{z}_j \otimes \xi$, 其中 $\xi$ 为 $L$ 在 $x_0$ 处的局部标架. 那么

$$([\gamma,\Lambda]^{-1}v, v)e^{-\varphi} = \sum_{j,k}\gamma^{jk}v_j\bar{v}_k e^{-\varphi} \quad \text{于} \quad x_0, \tag{8.6}$$

其中 $(\gamma^{jk}) = (\gamma_{jk})^{-1}$.

**证明**　记 $N = (1, 2, \cdots, n)$ 以及 $dz_N = dz_1 \wedge \cdots \wedge dz_n$. 下面的计算都是在 $x_0$ 处进行. 由于

$$\Lambda v = i(-1)^n \sum_j v_j \left(\frac{\partial}{\partial z_j} \lrcorner\, dz_N\right) \otimes \xi,$$

故

$$\gamma \wedge \Lambda v = (-1)^{n+1}\sum_{j,k,l}\gamma_{jk}v_l dz_j \wedge d\bar{z}_k \wedge \left(\frac{\partial}{\partial z_l} \lrcorner\, dz_N\right) \otimes \xi$$

$$= \sum_{j,k}\gamma_{jk}v_j dz_N \wedge d\bar{z}_k \otimes \xi.$$

另一方面, 由于 $\gamma \wedge v = 0$, 则有 $\Lambda(\gamma \wedge v) = 0$. 于是

$$[\gamma,\Lambda]v = \sum_k\left(\sum_j\gamma_{jk}v_j\right)dz_N \wedge d\bar{z}_k \otimes \xi,$$

使得

$$[\gamma,\Lambda]^{-1}v = \sum_k\left(\sum_j\gamma^{jk}v_j\right)dz_N \wedge d\bar{z}_k \otimes \xi,$$

从而 (8.6) 成立. □

设 $K_M$ 为 $M$ 上的典范线丛, $\omega$ 是 $M$ 上的一个 Kähler 度量, 其可以局部表示为

$$\omega = i \sum_{j,k} \omega_{jk} dz_j \wedge d\bar{z}_k.$$

那么 $[\det(\omega_{jk})]^{-1}$ 定义了一个 $K_M$ 的光滑 Hermitian 度量, 我们用 $(dV)^{-1}$ 表示. 此时

$$\Theta_{K_M} = i\partial\bar{\partial} \log\det(\omega_{jk}) =: -\operatorname{Ric}(\omega),$$

其中 $\operatorname{Ric}(\omega)$ 表示 Kähler 度量 $\omega$ 的 Ricci 曲率. 如果 $L$ 是 $M$ 上的一个全纯线丛, 那么取值在 $K_M^* \otimes L$ 中的 $(n,q)$ 形式 $u$ 可以典范地看作是取值在 $L$ 中的 $(0,q)$ 形式 $\tilde{u}$. 于是在定理 8.2.1 中用线丛 $K_M^* \otimes L$ 来代替 $L$ 即得如下定理.

**定理 8.2.5**  设 $M$ 为一个完备 Kähler 流形, $\omega$ 为 $M$ 上的一个 (未必完备的) Kähler 度量, $L$ 为 $M$ 上的一个全纯线丛. 假设 $L$ 上存在一个光滑 Hermitian 度量 $h_0 = e^{-\varphi_0}$ 以及一个奇异 Hermitian 度量 $h = e^{-\varphi}$, 使得

$$i\partial\bar{\partial}\varphi_0 + \operatorname{Ric}(\omega) \geqslant \gamma \quad \text{以及} \quad i\partial\bar{\partial}\varphi + \operatorname{Ric}(\omega) \geqslant \gamma \text{ (在流的意义下)},$$

其中 $\gamma$ 为 $M$ 上的一个连续正 $(1,1)$-形式. 那么对于任意 $v \in L^2_{(0,q)}(M,L)$ $(q \geqslant 1)$, 若 $\bar{\partial}v = 0$ 且 $\int_M \left([\gamma, \Lambda]^{-1}v, v\right) e^{-\varphi} dV < \infty$, 则方程 $\bar{\partial}u = v$ 存在解满足估计

$$\int_M |u|^2 e^{-\varphi} dV \leqslant \int_M \left([\gamma, \Lambda]^{-1}v, v\right) e^{-\varphi} dV.$$

定理 8.2.1 与定理 8.2.5 分别有下面的直接推论.

**定理 8.2.6**  设 $M$ 是一个完备 Kähler 流形, $\omega$ 是 $M$ 上的一个 Kähler 度量 (不一定完备), $L$ 是 $M$ 上的一个全纯线丛. 假设 $L$ 上存在一个光滑 Hermitian 度量 $h_0 = e^{-\varphi_0}$ 以及一个奇异 Hermitian 度量 $h = e^{-\varphi}$, 使得

$$i\partial\bar{\partial}\varphi_0 \geqslant \omega \quad \text{且} \quad i\partial\bar{\partial}\varphi \geqslant \omega \text{ (在流的意义下)}.$$

那么对于任意 $\bar\partial$-闭的形式 $v \in L^2_{(n,q)}(M,L)$ $(q \geqslant 1)$, 方程 $\bar\partial u = v$ 存在解满足估计

$$\int_M |u|^2 e^{-\varphi} dV \leqslant \frac{1}{q} \int_M |v|^2 e^{-\varphi} dV.$$

**定理 8.2.7**　设 $M$ 为一个完备 Kähler 流形, $\omega$ 为 $M$ 上的一个 (未必完备的) Kähler 度量, $L$ 为 $M$ 上的一个全纯线丛. 假设 $L$ 上存在一个光滑 Hermitian 度量 $h_0 = e^{-\varphi_0}$ 以及一个奇异 Hermitian 度量 $h = e^{-\varphi}$, 使得

$$i\partial\bar\partial\varphi_0 + \mathrm{Ric}\,(\omega) \geqslant \omega \quad \text{以及} \quad i\partial\bar\partial\varphi + \mathrm{Ric}\,(\omega) \geqslant \omega \text{ (在流的意义下)}.$$

那么对于任意 $\bar\partial$-闭的形式 $v \in L^2_{(0,q)}(M,L)$ $(q \geqslant 1)$, 方程 $\bar\partial u = v$ 存在解满足估计

$$\int_M |u|^2 e^{-\varphi} dV \leqslant \frac{1}{q} \int_M |v|^2 e^{-\varphi} dV.$$

接下来我们作一些重要的补充. 首先, 当 $M$ 为 Stein 流形时, 定理 8.2.1 中的光滑 Hermitian 度量 $h_0$ 总是存在的. 事实上, 我们可取 $M$ 上的光滑强多次调和穷竭函数 $\rho$ 以及凸增函数 $\lambda$, 使得

$$i\partial\bar\partial\lambda \circ \rho \geqslant -\Theta_{h_1} + \gamma,$$

其中 $h_1$ 为 $L$ 上的某个光滑 Hermitian 度量. 于是 $h_0 := h_1 e^{-\lambda\rho}$ 为 $L$ 上的光滑 Hermitian 度量且满足

$$\Theta_{h_0} = i\partial\bar\partial\lambda \circ \rho + \Theta_{h_1} \geqslant \gamma.$$

其次, 我们来说明当 $M$ 为 Stein 流形时, 条件 $v \in L^2_{(n,q)}(M,L)$ 也可去掉. 这是因为 $\int_M ([\gamma,\Lambda]^{-1}v,v)\, e^{-\varphi} dV < \infty$ 自然隐含着 $v \in L^2_{(n,q)}(M_j,L)$, 其中 $M_j := \{\rho < j\}$ 为一个 Stein 流形. 那么方程 $\bar\partial u = v$ 存在解 $u_j \in L^2_{(n,q-1)}(M',L,\mathrm{loc})$, 使得

$$\int_{M'} |u_j|^2 e^{-\varphi} dV \leqslant \int_{M'} ([\gamma,\Lambda]^{-1}v,v)\, e^{-\varphi} dV \leqslant \int_M ([\gamma,\Lambda]^{-1}v,v)\, e^{-\varphi} dV.$$

只需取 $\{u_j\}$ 的一个弱极限即可.

现设 $M$ 为紧复流形且存在一个正全纯线丛 $(L', h')$. 显然,

$$\int_M \left([\gamma, \Lambda]^{-1} v, v\right) e^{-\varphi} dV < \infty \quad \Rightarrow \quad v \in L^2_{(n,q)}(M, L).$$

接下来说明定理 8.2.1 中的光滑 Hermitian 度量 $h_0$ 的存在性条件也可以去掉. 由后文中 Kodaira 嵌入定理的证明可知当 $k \gg 1$ 时, $kL' = L'^{\otimes k}$ 在 $M$ 上存在一个非平凡全纯截影 $f$. 记 $S := f^{-1}(0)$. 于是

$$\rho := -\log |f|^2_{h'^{\otimes k}}$$

满足 $i\partial\bar\partial\rho = k\Theta_{h'} > 0$ 于 $\widehat{M} := M \setminus S$, 使得 $\rho$ 成为 $\widehat{M}$ 上的一个光滑强多次调和穷竭函数, 即 $\widehat{M}$ 为 Stein 流形. 于是方程 $\bar\partial u = v$ 在 $\widehat{M}$ 上存在解 $\widehat{u}$, 使得

$$\int_{\widehat{M}} |\widehat{u}|^2 e^{-\varphi} dV \leqslant \int_M \left([\gamma, \Lambda]^{-1} v, v\right) e^{-\varphi} dV.$$

由下面的命题可知, 在分布意义下 $\bar\partial\widehat{u} = v$ 在 $M$ 上也成立.

**命题 8.2.8** ($L^2$ 可去奇性定理)　设 $\Omega$ 为 $\mathbb{C}^n$ 中的区域, $S$ 为 $\Omega$ 中的一个解析子集. 设 $u \in L^2_{(p,q-1)}(\Omega, \mathrm{loc})$, $v \in L^2_{(p,q)}(\Omega, \mathrm{loc})$, 使得在分布意义下 $\bar\partial u = v$ 在 $\Omega \setminus S$ 上成立. 那么在分布意义下 $\bar\partial u = v$ 在 $\Omega$ 上也成立.

**证明**　不妨设 $S = \{z_1 = 0\}$, $\Omega$ 为一个以原点为心的球. 我们只需证明

$$\int_\Omega v \wedge w = (-1)^{p+q} \int_\Omega u \wedge \bar\partial w, \quad \forall w \in \mathcal{D}_{(n-p,n-q)}(\Omega). \tag{8.7}$$

取截断函数 $\chi$ 如前. 令 $\chi_\varepsilon(z) := 1 - \chi(|z_1|^2/\varepsilon^2)$. 则 $\chi_\varepsilon \cdot w \in \mathcal{D}_{(n-p,n-q)}(\Omega \setminus S)$ 且

$$\int_\Omega v \wedge \chi_\varepsilon w = (-1)^{p+q} \int_\Omega u \wedge \bar\partial(\chi_\varepsilon w)$$

$$= (-1)^{p+q} \left( \int_\Omega u \wedge \bar\partial \chi_\varepsilon \wedge w + \int_\Omega \chi_\varepsilon u \wedge \bar\partial w \right).$$

因为

$$\left| \int_\Omega u \wedge \bar\partial \chi_\varepsilon \wedge w \right|^2 \leqslant \int_{\Omega \cap \{|z_1| \leqslant \varepsilon\}} |u \wedge w|^2 \cdot \int_{\Omega \cap \{|z_1| \leqslant \varepsilon\}} |\bar\partial \chi_\varepsilon|^2,$$

而

$$\int_{\Omega \cap \{|z_1| \leqslant \varepsilon\}} |\bar\partial \chi_\varepsilon|^2 \asymp \frac{1}{\varepsilon^2} \cdot \varepsilon^2 \pi,$$

所以令 $\varepsilon \to 0$ 即得 (8.7). 　　　　　　　　　　　　　　　　　　　□

　　类似地, 其余的定理在 $M$ 为 Stein 流形或是带有一个正全纯线丛的紧复流形时均可作相应的改进.

## 8.3　应　　用

　　**定义 8.3.1**　如果一个区域 $\Omega \subset \mathbb{C}^n$ 上存在一个完备 Kähler 度量, 则称 $\Omega$ 为一个完备 Kähler 区域.

　　因为拟凸域是 Stein 流形, 所以拟凸域都是完备 Kähler 区域. 一个自然的问题是何种条件下完备 Kähler 区域是拟凸域? Grauert 首先证明了具有实解析边界的有界完备 Kähler 区域是拟凸的. Ohsawa 进一步将边界正则性减弱为 $C^1$. 目前最好的结果是下面的定理:

　　**定理 8.3.2** (Diederich-Pflug)　若 $\Omega \subset \mathbb{C}^n$ 是一个有界完备 Kähler 区域, 并且满足 $\overline{\Omega}^\circ = \Omega$, 那么 $\Omega$ 为拟凸域.

　　**证明**　我们采用反证法. 假设 $\Omega$ 非拟凸, 那么由 Levi 问题的证明 (定理 4.1.3) 可知, 存在 $z^0 \in \partial\Omega$ 以及 $z^0$ 的球邻域 $U$, 使得 $\Omega$ 上的任意全纯函数可以全纯地延拓到 $U$ 上. 由于 $\overline{\Omega}^\circ = \Omega$, 所以存在球 $B(a,r) \subset U \backslash \overline{\Omega}$. 现固定一点 $b \in \Omega \cap U$ 并令 $H$ 为连接 $a, b$ 的复线. 显然, $H \backslash \{a\}$ 上存在不能延拓过 $a$ 的全纯函数, 因此为了得到一个矛盾, 我们只需证明 $H \backslash \{a\}$ 上的任意全纯函数可以全纯延拓至 $\Omega$.

不妨设 $a = 0$, $H = \{z' = 0\}$, 其中 $z' = (z_1, \cdots, z_{n-1})$. 考虑自然投影

$$\pi : \mathbb{C}^n \to \mathbb{C}, \quad z \mapsto z_n.$$

因为 $B(0, r) \subset U \backslash \overline{\Omega}$, 所以

$$\overline{\Omega} \cap \{z : |z'| \leqslant r\} \subset \pi^{-1}(H \setminus \{0\}).$$

于是对任意 $f \in \mathcal{O}(H \setminus \{0\})$, 有 $\pi^* f \in \mathcal{O}(\overline{\Omega} \cap \{z : |z'| \leqslant r\})$. 取截断函数 $\chi : \mathbb{R} \to [0, 1]$, 使得 $\chi|_{[0,1/2]} = 1$ 且 $\chi|_{[1,\infty)} = 0$. 那么

$$v := \bar{\partial}\left(\chi(|z'|^2/r^2)\pi^* f\right)$$

是 $\Omega$ 上的光滑有界的 $(0,1)$-形式. 若令 $\varphi(z) = (n-1)\log|z'|^2 + |z|^2$, 则有 $i\partial\bar{\partial}\varphi \geqslant i\partial\bar{\partial}|z|^2$. 因为 Kähler 度量 $i\partial\bar{\partial}|z|^2$ 的 Ricci 曲率恒为 0, 所以我们可以将定理 8.2.7 运用至 $(\Omega, \Omega \times \mathbb{C}; i\partial\bar{\partial}|z|^2, e^{-\varphi})$, 使得方程 $\bar{\partial}u = v$ 存在解满足估计

$$\int_\Omega |u|^2 e^{-\varphi} \leqslant \int_\Omega |v|^2 e^{-\varphi} < \infty.$$

由 $\varphi$ 的定义可知 $u|_{\Omega \cap H} \equiv 0$. 于是

$$F := \chi(|z'|^2/r^2)\pi^* f - u \in \mathcal{O}(\Omega)$$

且满足 $F|_{\Omega \cap H} = f$. ☐

类似地, 我们可以证明下面的定理:

**定理 8.3.3**　设 $\{\Omega_j\}$ 为 $\mathbb{C}^n$ 中的一列完备 Kähler 区域且满足 $\Omega_{j+1} \subset\subset \Omega_j$. 记 $\Omega$ 为 $\bigcap \Omega_j$ 的内核. 那么 $\Omega$ 为拟凸的.

**证明**　假设 $\Omega$ 非拟凸, 那么存在 $z^0 \in \partial\Omega$ 以及 $z^0$ 的球邻域 $U$, 使得 $\Omega$ 上的任意全纯函数可以全纯地延拓到 $U$ 上. 由于 $\Omega$ 为 $\bigcap \Omega_j$ 的内核且 $\Omega_j$ 单调递减, 故存在 $j_0 \in \mathbb{Z}^+$, 使得 $(U \backslash \bigcap \Omega_j) \cap \Omega_{j_0} \neq \varnothing$. 取 $a \in (U \backslash \bigcap \Omega_j) \cap \Omega_{j_0}$. 由于 $\Omega_{j+1} \subset\subset \Omega_j$ 对任意整数 $j$ 成立, 故存在整数 $j_1 > j_0$, 使得 $a \notin \overline{\Omega}_{j_1}$. 取 $b \in \Omega \cap U$. 并记 $H$ 为连接 $a, b$ 的复线. 由前面

定理的证明可知 $H\backslash\{a\}$ 上的任意全纯函数 $f$ 可以延拓为 $\Omega_{j_1}$ 上的全纯函数 $f_1$. 由于 $\Omega \subset \Omega_{j_1}$, 因此 $f_1$ 可以全纯延拓至 $U$. 另一方面, 显然存在 $f \in \mathcal{O}(H\backslash\{a\})$, 使得 $f(a) = \infty$, 于是和全纯函数唯一性定理矛盾. 　　□

在另一方面, 我们有如下定理:

**定理 8.3.4**(Yasuoka)　若区域 $\Omega \subset \mathbb{C}^n$ 可以被一列完备 Kähler 区域 $\{\Omega_j\}$ 穷竭, 即 $\Omega_j \subset\subset \Omega_{j+1}$ 且 $\Omega = \bigcup\Omega_j$, 那么 $\Omega$ 是拟凸的.

为了证明这个定理, 我们需要一些关于 Riemann 域的预备知识.

**定义 8.3.5**　若 $M$ 是一个复流形且存在局部双全纯的全纯映射 $\pi : M \to \mathbb{C}^n$, 则称 $(M, \pi)$ 为一个 Riemann 域.

**例 8.3.6**　设 $\Omega \subset \mathbb{C}^n$ 为一个区域, id 为 $\Omega$ 上的恒等映射, 那么 $(\Omega, \mathrm{id})$ 为一个 Riemann 域.

称 Riemann 域 $(M_1, \pi_1) < (M_2, \pi_2)$ 若存在全纯映射 $\tau : M_1 \to M_2$, 使得 $\pi_2 \circ \tau = \pi_1$, 即下图可交换:

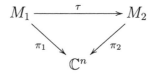

如果 $\{(M_j, \pi_j)\}$ 为一列 Riemann 域且满足 $(M_j, \pi_j) < (M_{j+1}, \pi_{j+1})$, 那么称 $\{(M_j, \pi_j)\}$ 为单调增加的.

在记号不发生混淆的情况下, 我们可简记 Riemann 域 $(M, \pi)$ 为 $M$. 若前面的映射 $\tau$ 是一个单射 (从而是一个双全纯映射), 那么我们不妨将 $M_1$ 看作 $M_2$ 的开子集, 简记为 $M_1 \subset M_2$.

若一个 Riemann 域同时又是一个 Stein 流形, 则称其为一个 Riemann-Stein 域. Oka 的一个基本定理表明了, 对于任意 Riemann 域 $M$ 均存在一个 Riemann-Stein 域 $\widetilde{M}$, 使得 $M \subset \widetilde{M}$ 且 $M$ 上的任意全纯函数可全纯延拓至 $\widetilde{M}$. 此外, 在双全纯等价意义下 $\widetilde{M}$ 是唯一的, 称其为 $M$ 的全纯包.

设 $\Omega \subset \Omega'$ 为 $\mathbb{C}^n$ 中的两个区域, $\widetilde{\Omega}$ 和 $\widetilde{\Omega}'$ 为相应的全纯包, 那么包含映射 $\Omega \to \Omega'$ 可以延拓为全纯映射 $\tau : \widetilde{\Omega} \to \widetilde{\Omega}'$ (参见 [24], 第 6 章, 命

题 3). 于是, 若 $\{\Omega_j\}$ 为 $\mathbb{C}^n$ 中的一列区域且满足 $\Omega_j \subset \Omega_{j+1}$, 那么对任意 $j \leqslant k$ 存在全纯映射

$$\tau_{j,k} : \widetilde{\Omega}_j \to \widetilde{\Omega}_k,$$

使得 $\tau_{j,k}|_{\Omega_j} = \text{id}$. 由于对任意 $i \leqslant j \leqslant k$ 有 $\tau_{j,k} \circ \tau_{i,j} = \text{id} = \tau_{i,k}$ 于 $\Omega_i$, 故由唯一性定理可知该等式在 $\widetilde{\Omega}_i$ 上也成立. 于是 $\{\widetilde{\Omega}_j\}$ 构成一列单调递增的 Riemann 域, 从而下面的结果成立:

**命题 8.3.7**(Kajiwara)　存在一个 Riemann-Stein 域 $M$, 使得

(1) 存在全纯映射 $\tau_j : \widetilde{\Omega}_j \to M$, 使得 $\tau_k \circ \tau_{j,k} = \tau_j, \forall j \leqslant k$;

(2) $M = \bigcup \tau_j(\widetilde{\Omega}_j)$;

(3) 对任意区域 $\widetilde{V} \subset\subset M$, 存在 $j \in \mathbb{Z}^+$ 以及区域 $\widetilde{U}_j \subset\subset \widetilde{\Omega}_j$, 使得 $\tau_j|_{\widetilde{U}_j} : \widetilde{U}_j \to \widetilde{V}$ 为双全纯的. 事实上, 若存在 $j_0 \in \mathbb{Z}^+$ 以及区域 $\widetilde{U} \subset\subset \widetilde{\Omega}_{j_0}$ 使得 $\widetilde{V} \subset\subset \tau_{j_0}(\widetilde{U})$, 则可取 $j \gg j_0$ 以及 $\widetilde{U}_j = \tau_j^{-1}(\widetilde{V}) \cap \tau_{j_0,j}(\widetilde{U})$.

我们称 $M$ 为 $\{\widetilde{\Omega}_j\}$ 的直接极限 (direct limit). 命题 8.3.7 的证明超出了本书的范畴, 感兴趣的读者可以参见 [22] 中的引理 1 和引理 5 或 [21] 中的命题 1.6.8 和定理 2.9.5.

**引理 8.3.8**　设区域 $\Omega \subset \mathbb{C}^n$ 可以被一列完备 Kähler 区域 $\{\Omega_j\}$ 穷竭. 那么对任意 $v \in C^\infty_{(0,1)}(\Omega)$, 若 $\bar{\partial}v = 0$, 则存在 $u \in C^\infty(\Omega)$, 使得 $\bar{\partial}u = v$.

**证明**　设 $\widetilde{\Omega}_j$ 为 $\Omega_j$ 的全纯包, $M$ 为 $\{\widetilde{\Omega}_j\}$ 的直接极限. 由于 $M$ 是一个 Stein 流形, 故其上存在一个 $C^\infty$ 强多次调和穷竭函数 $\widetilde{\rho}$. 记 $\widetilde{V}_c := \{\widetilde{\rho} < c\}, c \in \mathbb{R}$. 利用完备 Kähler 流形上的 $L^2$ 估计不难将 Oka-Weil 定理推广至 Stein 流形, 于是 $\widetilde{V}_c$ 上的任意全纯函数可以被 $M$ 上的全纯函数内闭匀敛地逼近. 记 $\tau_j : \widetilde{\Omega}_j \to M$ 为命题 8.3.7 中的全纯映射. 我们将归纳地构造两个严格单调递增的正整数列 $\{c_k\}$ 和 $\{j_k\}$, 使得

$(\text{i})_k$ $\tau_{j_k}$ 将区域 $\widetilde{U}_{j_k} \subset\subset \widetilde{\Omega}_{j_k}$ 双全纯地映为 $\widetilde{V}_{c_k}$;

$(\text{ii})_k$ $\Omega_{j_k} \subset\subset \widetilde{U}_{j_{k+1}}$.

由命题 8.3.7, 对于 $c_1 = 1$ 存在 $j_1 \in \mathbb{Z}^+$ 以及区域 $\widetilde{U}_{j_1} \subset\subset \widetilde{\Omega}_{j_1}$ 满足 $(\text{i})_1$. 接下来取 $c_2 > c_1$, 使得 $\tau_{j_1+1}(\Omega_{j_1}) \subset \widetilde{V}_{c_2}$; 再取 $j_1' > j_1$, 使得

$\widetilde{V}_{c_2} \subset\subset \tau_{j_1'}(\widetilde{\Omega}_{j_1'})$. 由于 $\Omega_{j_1} \subset\subset \Omega_{j_1'} \subset \widetilde{\Omega}_{j_1'}$, 因此存在区域 $U'$, 使得

$$\Omega_{j_1} \subset\subset U' \subset\subset \widetilde{\Omega}_{j_1'} \quad \text{且} \quad \widetilde{V}_{c_2} \subset\subset \tau_{j_1'}(U').$$

于是存在 $j_2 > j_1'$, 使得区域 $\widetilde{U}_{j_2} := \tau_{j_2}^{-1}(\widetilde{V}_{c_2}) \cap \tau_{j_1',j_2}(U')$ 满足 (i)$_2$. 另外, 由于 $\tau_{j_1',j_2} = \text{id}$ 且 $\tau_{j_2} = \tau_{j_1'}$ 于 $\Omega_{j_1}$, 故有 $\Omega_{j_1} \subset \widetilde{U}_{j_2}$, 即 (ii)$_1$ 成立.

现假设已经构造 $c_1, \cdots, c_k$ 以及 $j_1, \cdots, j_k$ 使得 (i)$_k$ 以及 (ii)$_{k-1}$ 成立. 类似于前面的讨论, 我们可以找到 $c_{k+1}, j_{k+1}$, 使得 (i)$_{k+1}$ 与 (ii)$_k$ 依然成立.

令 $U_{j_k} := \Omega_{j_k} \cap \widetilde{U}_{j_k} \subset\subset \Omega$, 则有 $\Omega_{j_k} \subset\subset U_{j_{k+1}}$ 且 $\{U_{j_k}\}$ 穷竭 $\Omega$.

由于 $\Omega_{j_k}$ 是有界的完备 Kähler 区域, 故由定理 8.2.7 可知存在 $u_k \in C^\infty(\Omega_{j_k})$, 使得 $\bar{\partial} u_k = v$ 在 $\Omega_{j_k}$ 上成立. 接下来我们归纳地构造一列 $\widehat{u}_k \in C^\infty(U_{j_k})$, $k \geqslant 2$, 使得

(a)$_k$ $\bar{\partial} \widehat{u}_k = v$ 于 $U_{j_k}$;

(b)$_k$ $\|\widehat{u}_{k+1} - \widehat{u}_k\|_{L^\infty(U_{j_{k-2}})} \leqslant 2^{-k}$.

取 $\widehat{u}_2 := u_2$. 假设 $\widehat{u}_2, \cdots, \widehat{u}_k$ 已经构造. 由于 $\bar{\partial} u_{k+1} = \bar{\partial} \widehat{u}_k$ 于 $U_{j_k}$, 故有

$$f_k := u_{k+1} - \widehat{u}_k \in \mathcal{O}(U_{j_k}) \subset \mathcal{O}(\Omega_{j_{k-1}}).$$

由全纯包的定义, $f_k$ 可延拓为 $\widetilde{\Omega}_{j_{k-1}}$ 上的全纯函数 (不失一般性, 我们依然采用同一记号). 这样, 我们有 $f_k \in \mathcal{O}(\widetilde{U}_{j_{k-1}})$, 从而 $f_k \circ \tau_{j_{k-1}}^{-1} \in \mathcal{O}(\widetilde{V}_{c_{k-1}})$. 于是由 Oka-Weil 定理可知, 存在 $\widetilde{f}_k \in \mathcal{O}(M)$, 使得

$$\|f_k - \widetilde{f}_k \circ \tau_{j_{k-1}}\|_{L^\infty(U_{j_{k-2}})} \leqslant 2^{-k}.$$

显然, $\widehat{u}_{k+1} := u_{k+1} - \widetilde{f}_k \circ \tau_{j_{k+1}}|_{U_{j_{k+1}}}$ 满足 (a)$_{k+1}$. 此外, 由于 $\tau_{j_{k+1}} = \tau_{j_{k-1}}$ 于 $U_{j_{k-2}}$, 故 (b)$_k$ 也成立.

对于任意区域 $W \subset\subset \Omega$, 存在 $k_W \in \mathbb{Z}^+$, 使得 $W \subset\subset U_{j_{k-2}}$, $\forall k \geqslant k_W$. 于是对任意 $z \in W$,

$$u(z) := \lim_{k \to \infty} \widehat{u}_k(z) = \widehat{u}_{k_W}(z) + \sum_{k=k_W}^{\infty} \left(\widehat{u}_{k+1}(z) - \widehat{u}_k(z)\right)$$

在 $W$ 上是 $C^\infty$ 的且满足 $\bar\partial u = v$. 由 $W$ 的任意性可知 $u$ 为 $\Omega$ 上的 $C^\infty$ 整体解. □

**定理 8.3.4 的证明**　我们通过对维数 $n$ 归纳来证明 $\Omega$ 是拟凸的. 当 $n = 1$ 时结论是显然的. 假设结论对 $n - 1$ $(n \geqslant 2)$ 成立. 设 $H \subset \mathbb{C}^n$ 为任意复超平面, 那么 $\Omega \cap H$ 可以被一列完备 Kähler 开子集 $\{\Omega_j \cap H\}$ 穷竭. 由归纳假设可知 $\Omega \cap H$ 是拟凸开集. 我们只需证明 $\Omega \cap H$ 上的任意全纯函数 $f$ 可以全纯延拓至 $\Omega$. 下面的证明方法与 Levi 问题的证明 (定理 4.1.3) 中的方法类似 (事实上也可以看作 Levi 问题的另一种证明). 为了简单起见, 我们不妨设 $H = \{z_n = 0\}$. 设 $\pi : z \to z'$ 为自然投影. 我们选取截断函数 $\chi$ 如定理 4.1.3 的证明, 使得 $\chi \pi^* f$ 定义了 $\Omega$ 上的一个光滑函数. 那么由引理 8.3.8 可知方程

$$\bar\partial u = z_n^{-1} \cdot \bar\partial(\chi \pi^* f)$$

在 $\Omega$ 上存在一个 $C^\infty$ 解, 使得

$$F := \chi \pi^* f - z_n u$$

为 $f$ 在 $\Omega$ 上的一个全纯延拓. □

接下来我们来证明著名的 Kodaira 嵌入定理. 首先引入下面的定义:

**定义 8.3.9**　设 $L$ 是紧复流形 $M$ 上的全纯线丛, $\Gamma(M, L)$ 为 $L$ 在 $M$ 上的全纯截影全体. 称 $L$ 是非常丰富的, 若下面两个条件满足:

(1) 对 $M$ 上任意两个不同的点 $x, y$, 存在 $f \in \Gamma(M, L)$, 使得 $f(x) \neq f(y)$;

(2) 对于任意 $x \in M$, 存在 $f_j \in \Gamma(M, L)$, $1 \leqslant j \leqslant n := \dim_{\mathbb{C}} M$, 使得若 $f_j^*$ 为 $f_j$ 在 $x$ 处的局部表示, 那么 $(f_1^*, \cdots, f_n^*)$ 构成 $x$ 处的一个局部坐标.

称 $L$ 是丰富的, 若存在 $k \in \mathbb{Z}^+$, 使得 $kL := L^{\otimes k}$ 是非常丰富的.

**注**　若 $L$ 是非常丰富的, 那么对 $\Gamma(M, L)$ 的任意一组基 $f_0, \cdots, f_N$, 映射

$$x \mapsto [f_0(x) : f_1(x) : \cdots : f_N(x)]$$

给出了 $M \to \mathbb{P}^N$ 的全纯嵌入. 根据周炜良的定理可知 $M$ 为一个代数流形.

**定理 8.3.10**(Kodaira)　一个紧复流形 $M$ 上的任意正全纯线丛 $L$ 必定是丰富的. 特别地, $M$ 为一个代数流形.

**证明**　设 $h_0 = e^{-\varphi_0}$ 是 $L$ 上的光滑 Hermitian 度量, 使得 $\Theta_{h_0} > 0$. 那么 $\omega := \Theta_{h_0}$ 是 $M$ 上的一个 Kähler 度量. 由 $M$ 的紧性可知, 存在常数 $C > 0$ 使得对任意 $x \in M$, 均存在以 $x$ 为中心的单位坐标球 $(U_x, z_x)$, 使得

$$\Theta_{h_0}|_{U_x} \geqslant C \cdot i\partial\bar\partial |z_x|^2 \quad \text{且} \quad L|_{U_x} \text{ 平凡}.$$

设 $x, y \in M$ 为任意给定两点. 取光滑截断函数 $\chi : \mathbb{R} \to [0,1]$, 使得 $\chi|_{(-\infty,1/2]} = 1$ 且 $\chi|_{[1,\infty)} = 0$. 对于 $k \in \mathbb{Z}^+$, 我们定义

$$\varphi_k := k\varphi_0 + (n+1)\left(\chi(|z_x|^2)\log|z_x|^2 + \chi(|z_y|^2)\log|z_y|^2\right).$$

由 $M$ 的紧性可知存在 $k = k_M \gg 1$, 使得 $i\partial\bar\partial\varphi_k + \mathrm{Ric}(\omega) \geqslant \omega$. 注意到 $h_k := e^{-\varphi_k}$ 为 $kL$ 上的一个奇异 Hermitian 度量. 记 $B_r(x)$ 为 $U_x$ 中满足 $|z_x| < r$ 的点, 同理可定义 $B_r(y)$. 那么存在 $r = r_{x,y}$, 使得 $\overline{B_r(x)} \cap \overline{B_r(y)} = \varnothing$, 且 $L$ 在 $B_r(x)$ 和 $B_r(y)$ 上都是平凡的. 我们取 $\kappa \in C_0^\infty(B_r(x) \cup B_r(y))$, 使得 $\kappa$ 分别在 $x$ 与 $y$ 的一个邻域上恒等于 1. 若 $f \in \Gamma(B_r(x) \cup B_r(y), kL)$, 则 $v := \bar\partial(\kappa f)$ 为 $M$ 上的光滑 $(0,1)$-形式, 并且分别在 $x$ 和 $y$ 的一个邻域上恒等于 0. 由定理 8.2.6 可知方程 $\bar\partial u = v$ 存在解 $u$, 使得

$$\int_M |u|^2 e^{-\varphi_k} dV \leqslant \int_M |v|^2 e^{-\varphi_k} dV < \infty.$$

显然, $F := \kappa f - u \in \Gamma(M, kL)$. 考虑 $F$ 以及 $f$ 在 $B_r(x)$ 上局部表示

$$F = F^* \xi^{\otimes k}, \quad f = f^* \xi^{\otimes k}.$$

那么

$$F(x) = f(x), \quad F(y) = f(y), \quad \frac{\partial F^*}{\partial z_j}(x) = \frac{\partial f^*}{\partial z_j}(x),$$

其中 $z_x := (z_1, \cdots, z_n)$. 由 $f$ 的任意性不难验证 $kL$ 满足定义 8.3.9 中的 (1) 和 (2). □

最后, 我们来证明关于复结构的一个存在性定理: Newlander-Nirenberg 定理.

**定义 8.3.11**　设 $M$ 为一个实 $2n$-维光滑流形. $M$ 上的一个近复结构是指 $M$ 上的 (实) 切丛 $TM$ 上的一个光滑自同态 $J: TM \to TM$, 使得 $J^2 = -\mathrm{id}$. 此时称 $(M, J)$ 为一个近复流形.

显然, 复流形上有自然的近复结构

$$J: \partial/\partial x_j \mapsto \partial/\partial y_j, \quad \partial/\partial y_j \mapsto -\partial/\partial x_j.$$

现考虑复化的切丛 $T_{\mathbb{C}}M := TM \otimes_{\mathbb{R}} \mathbb{C}$. 令 $T^{1,0}M$ 和 $T^{0,1}M$ 分别为对应于特征值 $i$ 和 $-i$ 的特征向量构成的子丛. 那么我们有下面的分解

$$T_{\mathbb{C}}M = T^{1,0}M \oplus T^{0,1}M.$$

同样地, 我们有复化余切空间 $T_{\mathbb{C}}^*M := T^*M \otimes_{\mathbb{R}} \mathbb{C}$ 以及分解

$$\bigwedge^r T_{\mathbb{C}}^*M = \bigoplus_{p+q=r} \bigwedge^{p,q} T_{\mathbb{C}}^*M.$$

我们称 $\bigwedge^{p,q} T_{\mathbb{C}}^*M$ 的一个光滑截影为 $M$ 上的一个光滑 $(p,q)$-形式. 记其全体为 $C_{(p,q)}^{\infty}(M)$. 对于任一 $u \in C_{(p,q)}^{\infty}(M)$, 定义 $\partial u$ 以及 $\bar{\partial} u$ 分别为 $du$ 的 $(p+1,q)$ 与 $(p,q+1)$ 分量. 这样就得到了两个微分算子 $\partial$ 和 $\bar{\partial}$.

**定义 8.3.12**　$M$ 上的一个近似复结构 $J$ 称为可积的, 若对任意 $u \in C_{(0,1)}^{\infty}(M)$, $du$ 没有 $(2,0)$ 分量.

注意到若 $u \in C_{(1,0)}^{\infty}(M)$, 则 $\bar{u} \in C_{(0,1)}^{\infty}(M)$, 从而 $d\bar{u} = \overline{du}$ 无 $(2,0)$ 分量, 即 $du$ 无 $(0,2)$ 分量.

**引理 8.3.13**　若 $(M, J)$ 为一个可积近复流形, 则 $d = \partial + \bar{\partial}$. 特别地, $\partial^2 = \bar{\partial}^2 = 0$, $\partial\bar{\partial} = -\bar{\partial}\partial$.

**证明**　设

$$u = g_1 \wedge \cdots \wedge g_p \wedge h_1 \wedge \cdots \wedge h_q, \quad \text{其中} \quad g_j \in C_{(1,0)}^{\infty}(M), \ h_k \in C_{(0,1)}^{\infty}(M).$$

因为 $dg_j$ 无 $(0,2)$ 分量, $dh_k$ 无 $(2,0)$ 分量, 所以 $du$ 无 $(p+2, q-1)$ 分量以及 $(p-1, q+2)$ 分量. 于是 $du = \partial u + \bar{\partial} u$. 　　　　□

**定理 8.3.14** (Newlander-Nirenberg)　$M$ 上的任意可积近复结构可由复结构定义.

接下来给出的证明取自 [13]. 首先引入下面的定义:

**定义 8.3.15**　设 $(M, J)$ 是一个近复流形, $U \subset M$ 为一个开集. 若函数 $f \in C^1(U)$ 满足 $\bar{\partial} f = 0$, 那么称其为 $J$-全纯的.

对于 $h \in C^1(D)$ 以及可微映射 $F = (f_1, \cdots, f_n) : U \to D \subset \mathbb{C}^n$, 我们有下面的求导链式法则:

$$\bar{\partial}(h \circ F) = \sum_{j=1}^{n} \frac{\partial h}{\partial z_j} \circ F \cdot \bar{\partial} f_j + \sum_{j=1}^{n} \frac{\partial h}{\partial \bar{z}_j} \circ F \cdot \bar{\partial} \bar{f}_j.$$

假设在 $M$ 的每一点处可构造一个 $J$-全纯的复坐标. 那么对于任意两个局部复坐标 $(z_1, \cdots, z_n)$ 和 $(w_1, \cdots, w_n)$, 有

$$\bar{\partial} w_k = \sum_{j=1}^{n} \frac{\partial w_k}{\partial z_j} \bar{\partial} z_j + \sum_{j=1}^{n} \frac{\partial w_k}{\partial \bar{z}_j} \bar{\partial} \bar{z}_j.$$

因为 $w_j$ 和 $z_j$ 是 $J$-全纯的, 所以

$$\sum_{j=1}^{n} \frac{\partial w_k}{\partial \bar{z}_j} \bar{\partial} \bar{z}_j = 0, \quad \forall k.$$

于是 $\partial w_k / \partial \bar{z}_j = 0, \forall k, j$. 这表明 $M$ 是一个复流形, 并且 $J$ 为这个复结构诱导的近复结构. 因此, 定理 8.3.14 的证明可归结于在 $M$ 上每点处 $J$-全纯复坐标的存在性.

**引理 8.3.16**　设 $J$ 为 $M$ 上的一个可积近复结构. 那么对任意 $x \in M$ 以及 $N \in \mathbb{Z}^+$, 存在 $x$ 处光滑复坐标 $z = (z_1, \cdots, z_n)$, 使得

$$\bar{\partial} z_j = O(|z|^N), \quad 1 \leqslant j \leqslant n.$$

**证明**　我们对 $N$ 使用数学归纳法. 设 $\xi_1^*, \cdots, \xi_n^*$ 为 $\bigwedge^{1,0} T_{\mathbb{C}}^* M|_x$ 的一组基. 利用 Gram-Schmidt 正交化法可以构造复值函数 $z_j, 1 \leqslant j \leqslant n$, 使得

$$dz_j|_x = \xi_j^*, \quad \bar{\partial} z_j = O(|z|).$$

于是结论对 $N = 1$ 成立. 现假设已经构造了复坐标 $(z_1, \cdots, z_n)$, 使得 $\bar{\partial} z_j = O(|z|^N)$. 由 Taylor 展开即得

$$\bar{\partial} z_j = \sum_{k=1}^n P_{jk}(z, \bar{z}) \bar{\partial} \bar{z}_k + O(|z|^{N+1}),$$

其中 $P_{jk}(z, w)$ 为 $\mathbb{C}^n \times \mathbb{C}^n$ 上的 $N$ 阶齐次多项式. 由 $J$ 的可积性可知

$$0 = \bar{\partial}^2 z_j = \sum_{k,l=1}^n \frac{\partial P_{jk}(z, \bar{z})}{\partial z_l} \bar{\partial} z_l \wedge \bar{\partial} \bar{z}_k + \sum_{k,l=1}^n \frac{\partial P_{jk}(z, \bar{z})}{\partial \bar{z}_l} \bar{\partial} \bar{z}_l \wedge \bar{\partial} \bar{z}_k + O(|z|^N)$$

$$= \sum_{k,l=1}^n \frac{\partial P_{jk}(z, \bar{z})}{\partial \bar{z}_l} \bar{\partial} \bar{z}_l \wedge \bar{\partial} \bar{z}_k + O(|z|^N)$$

$$= \sum_{l<k} \left( \frac{\partial P_{jk}(z, \bar{z})}{\partial \bar{z}_l} - \frac{\partial P_{jl}(z, \bar{z})}{\partial \bar{z}_k} \right) \bar{\partial} \bar{z}_l \wedge \bar{\partial} \bar{z}_k + O(|z|^N).$$

这里第二行的等式成立是因为归纳假设: $\bar{\partial} z_l = O(|z|^N)$. 由于 $\partial P_{jk}(z, \bar{z}) / \partial \bar{z}_l - \partial P_{jl}(z, \bar{z}) / \partial \bar{z}_k$ 是一个阶不超过 $N - 1$ 的多项式, 故

$$\frac{\partial P_{jk}(z, \bar{z})}{\partial \bar{z}_l} = \frac{\partial P_{jl}(z, \bar{z})}{\partial \bar{z}_k}.$$

令

$$Q_j(z, \bar{z}) := \int_0^1 \sum_{l=1}^n \bar{z}_l P_{jl}(z, t\bar{z}) dt.$$

那么

$$\frac{\partial Q_j(z, \bar{z})}{\partial \bar{z}_k} = \int_0^1 \left( P_{jk}(z, t\bar{z}) + \sum_{l=1}^n t \bar{z}_l \frac{\partial P_{jl}}{\partial \bar{z}_k}(z, t\bar{z}) \right) dt$$

$$= \int_0^1 \left( P_{jk}(z, t\bar{z}) + \sum_{l=1}^n t\bar{z}_l \frac{\partial P_{jk}}{\partial \bar{z}_l}(z, t\bar{z}) \right) dt$$

$$= \int_0^1 \frac{d}{dt} [tP_{jk}(z, t\bar{z})] \, dt$$

$$= P_{jk}(z, \bar{z}).$$

令 $\widetilde{z}_j := z_j - Q_j(z, \bar{z})$. 因为 $Q_j$ 是一个阶不超过 $N+1$ 的多项式 $(N \geqslant 1)$, 所以在 $x$ 的一个充分小的邻域中 $\widetilde{z}_j$ 仍构成复坐标系, 且有

$$\bar{\partial}\widetilde{z}_j = \bar{\partial}z_j - \sum_{l=1}^n \frac{\partial Q_j(z, \bar{z})}{\partial z_l}\bar{\partial}z_l - \sum_{l=1}^n \frac{\partial Q_j(z, \bar{z})}{\partial \bar{z}_l}\bar{\partial}\bar{z}_l$$

$$= -\sum_{l=1}^n \frac{\partial Q_j(z, \bar{z})}{\partial z_l}\bar{\partial}z_l + O(|z|^{N+1}).$$

因为 $\partial Q_j(z, \bar{z})/\partial z_l = O(|z|^N)$ 且 $\bar{\partial}z_l = O(|z|^N)$, 所以 $\bar{\partial}\widetilde{z}_j = O(|z|^{N+1})$.
$\square$

复流形上的许多概念可以推广到近复流形上. 比如一个上半连续函数 $\varphi$ 称为多次调和的当且仅当在流的意义下有 $i\partial\bar{\partial}\varphi \geqslant 0$, 从而可以定义 Stein 流形. 此外, 我们还可以定义近复流形上的 Hermitian 度量与 Kähler 度量. 引理 8.3.16 表明一个可积近复流形上的 Kähler 度量 $\omega$ 依然可局部写成

$$\omega = i\partial\bar{\partial}|z|^2 + O(|z|^2),$$

其中 $z = (z_1, \cdots, z_n)$ 是一个局部复坐标. 另一方面, 若用 $J$-全纯取代全纯, 那么也可以定义近复流形上的全纯线丛, 而且 Bochner-Kodaira-Nakano 公式对于可积近复流形仍然成立, 从而对于光滑的 Hermitian 线丛, 相应的 $L^2$ 估计对可积的近复流形依然成立.

**引理 8.3.17** 设 $M$ 是可积的近复流形, $z = (z_1, \cdots, z_n)$ 为 $x$ 处的一个复坐标. 假设存在 $N \geqslant 3$, 使得 $\bar{\partial}z_j = O(|z|^N)$ $(1 \leqslant j \leqslant n)$, 那么存在 $\delta > 0$, 使得当 $|z| < \delta$ 时,

(1) $\omega := i\partial\bar{\partial}|z|^2$ 定义了一个 Kähler 度量;

(2) 对任意 $\varepsilon > 0$, 函数 $\varphi_\varepsilon(z) := 2|z|^2 + (n+1)\log(|z|^2 + \varepsilon^2)$ 满足

$$i\partial\bar{\partial}\varphi_\varepsilon + \mathrm{Ric}\,(\omega) \geqslant i\partial\bar{\partial}|z|^2. \tag{8.8}$$

**证明**　注意到

$$\bar{\partial}|z|^2 = \sum_{j=1}^n \bar{\partial}|z_j|^2 = \sum_{j=1}^n z_j \bar{\partial}\bar{z}_j + \sum_{j=1}^n \bar{z}_j \bar{\partial}z_j,$$

以及

$$i\partial\bar{\partial}|z|^2 = i \sum_{j=1}^n \left( \partial z_j \wedge \bar{\partial}\bar{z}_j + z_j \overline{\partial\bar{\partial}z_j} + \overline{\partial}\bar{z}_j \wedge \bar{\partial}z_j + \bar{z}_j \partial\bar{\partial}z_j \right). \tag{8.9}$$

因为 $\bar{\partial}z_j = O(|z|^N)$, 所以

$$\partial\bar{\partial}z_j = O(|z|^{N-1}), \quad \overline{\bar{\partial}\partial z_j} = -\overline{\partial\bar{\partial}z_j} = O(|z|^{N-1}).$$

再结合 (8.9) 即得

$$i\partial\bar{\partial}|z|^2 = i \sum_{j=1}^n \partial z_j \wedge \bar{\partial}\bar{z}_j + O(|z|^N). \tag{8.10}$$

于是当 $|z|$ 充分小时有 $i\partial\bar{\partial}|z|^2 > 0$.

　　接下来我们验证 (2). 直接计算可得

$$\begin{aligned}
i\partial\bar{\partial}\log(|z|^2 + \varepsilon^2) &= \frac{\imath|z|^2 \partial\bar{\partial}|z|^2}{|z|^2 + \varepsilon^2} - \frac{i\partial|z|^2 \wedge \partial|z|^2}{(|z|^2 + \varepsilon^2)^2} \\
&= \frac{i\sum \partial z_j \wedge \bar{\partial}\bar{z}_j + O(|z|^N)}{|z|^2 + \varepsilon^2} - \frac{i\partial|z|^2 \wedge \bar{\partial}|z|^2}{(|z|^2 + \varepsilon^2)^2},
\end{aligned}$$

而

$$i\partial|z|^2 \wedge \bar{\partial}|z|^2 = i \sum_{j,k=1}^n \left( \bar{z}_j \partial z_j + z_j \partial\bar{z}_j \right) \wedge \left( \bar{z}_k \bar{\partial}z_k + z_k \bar{\partial}\bar{z}_k \right)$$

$$= i \sum_{j,k=1}^{n} \bar{z}_j z_k \partial z_j \wedge \bar{\partial}\bar{z}_k + O(|z|^{N+2}).$$

于是

$$i\partial\bar{\partial}\log(|z|^2+\varepsilon^2)$$

$$= \frac{i\sum \partial z_j \wedge \bar{\partial}\bar{z}_j}{|z|^2+\varepsilon^2} - \frac{i\sum \bar{z}_j z_k \partial z_j \wedge \bar{\partial}\bar{z}_k}{(|z|^2+\varepsilon^2)^2} + \frac{O(|z|^N)}{|z|^2+\varepsilon^2} + \frac{O(|z|^{N+2})}{(|z|^2+\varepsilon^2)^2}$$

$$\geqslant \frac{i|z|^2 \sum \partial z_j \wedge \bar{\partial}\bar{z}_j - i\sum \bar{z}_j z_k \partial z_j \wedge \bar{\partial}\bar{z}_k}{(|z|^2+\varepsilon^2)^2} - C|z|^{N-2}$$

$$\geqslant -C|z|^{N-2},$$

其中常数 $C$ 与 $\varepsilon$ 无关. 另一方面, 若记 $\omega = \sum \omega_{jk}\partial z_j \wedge \bar{\partial}\bar{z}_k$, 则 $\omega_{jk} = \delta_{jk} + O(|z|^N)$, 使得

$$\mathrm{Ric}\,(\omega) = -i\partial\bar{\partial}\log\left(\det(\omega_{jk})\right) = O(|z|^{N-2}).$$

从而当 $\delta$ 充分小时 (8.8) 成立. □

**定理 8.3.14 的证明**　我们沿用引理 8.3.17 中的记号. 注意到 $|z|^2$ 是 $B_\delta := \{|z| < \delta\}$ 上的强多次调和函数, 从而 $z \mapsto 1/(\delta^2 - |z|^2)$ 是 $B_\delta$ 上的强多次调和穷竭函数, 使得 $B_\delta$ 成为一个 Stein 流形. 特别地, 其为一个完备 Kähler 流形. 引理 8.3.17 表明我们可以对 $(B_\delta, B_\delta \times \mathbb{C}; \omega, e^{-\varphi_\varepsilon})$ 使用 $L^2$ 估计. 取截断函数 $\chi \in C_0^\infty(B_\delta)$, 使得 $\chi = 1$ 于 $x$ 的某个邻域. 那么 $v_j := \bar{\partial}(\chi z_j)$ 为 $B_\delta$ 上具有紧支集的光滑 $(0,1)$-形式, 并且在 $x$ 的某个邻域上成立

$$v_j = \bar{\partial}z_j = O(|z|^N). \tag{8.11}$$

于是方程 $\bar{\partial}u = v_j$ 存在解 $u_{j,\varepsilon}$, 使得

$$\int_{B_\delta} |u_{j,\varepsilon}|^2 e^{-\varphi_\varepsilon} dV \leqslant \int_{B_\delta} |v_j|^2 e^{-\varphi_\varepsilon} dV \leqslant \int_{B_\delta} |v_j|^2 e^{-\varphi} dV, \tag{8.12}$$

其中 $\varphi(z) := 2|z|^2 + (n+1)\log|z|^2$. 由 (8.11) 可知, 当 $N \geqslant 2n+1$ 时上式最后一个积分有限. 由 Banach-Alaoglu 定理可知, 存在 $\{u_{j,\varepsilon}\}$ 在 $L^2_{\mathrm{loc}}(B_\delta)$ 中的一个弱极限 $u_j$, 使得 $\bar\partial u_j = v_j$ 且

$$\int_{B_\delta} |u_j|^2 e^{-\varphi} dV \leqslant \int_{B_\delta} |v_j|^2 e^{-\varphi} dV.$$

由于 $\bar\partial$-复形是椭圆的 (参见 [15] 中的命题 1.2.5), 因此 $u_j \in C^\infty(B_\delta)$. 根据 $\varphi$ 的定义可知 $u_j(x) = 0$ 且 $du_j|_x = 0$. 于是在 $x$ 的充分小的邻域上 $f_j := \chi z_j - u_j$ $(j = 1, \cdots, n)$ 构成一个 $J$-全纯复坐标. □

**推论 8.3.18**(Gauss: 实解析情形; Korn-Lichtenstein: 光滑情形) *每个可定向的光滑曲面上均存在复结构, 即其为一个 Riemann 面.*

**证明**　首先固定 $M$ 上一个光滑的 Riemann 度量. 我们定义 $J: TM \to TM$ 为将切向量逆时针旋转 $90°$ 的算子. 那么 $J$ 为 $M$ 上的一个近复结构. 由于曲面上的任意近复结构总是可积的, 故由定理 8.3.14 即得. □

# 第 9 章 完备 Kähler 流形上的 $L^2$ 延拓定理

## 9.1 Ohsawa-Takegoshi 型延拓定理

设 $M$ 是一个 $n$-维 Stein 流形, $\omega$ 是 $M$ 上的一个 Kähler 度量 (不一定完备), 并记 $dV := \omega^n/n!$ 为相应的体积元. 设 $(L, h)$ 是 $M$ 上的 Hermitian 线丛 ($h$ 不一定光滑).

**定义 9.1.1** 设 $S$ 为 $M$ 上的一个 $k$-维闭复子流形. 记 $\#(S)$ 为满足以下条件的函数 $\Psi : M \to [-\infty, 0)$ 全体:

(1) $\Psi \in C^{\infty}(M \backslash S)$;

(2) 对任意 $x \in S$, 存在 $x$ 附近的局部坐标 $(z_1, \cdots, z_n)$, 使得在 $x$ 附近 $S$ 可定义为 $z_{k+1} = \cdots = z_n = 0$ 且有

$$\Psi(z) \sim (n-k) \log \sum_{j=k+1}^{n} |z_j|^2 \quad (z \to 0).$$

对于给定的 $\Psi \in \#(S)$, 我们考虑 $S$ 上所有满足下面条件的测度 $\mu$:

$$\int_S \phi d\mu \geqslant \frac{1}{\sigma_{n,k}} \limsup_{t \to \infty} \int_{-t-1 < \Psi < -t} \phi e^{-\Psi} dV,$$

其中 $\phi$ 取遍 $M$ 上所有具有紧支集的非负连续函数, $\sigma_{n,k}$ 表示 $\mathbb{C}^{n-k}$ 中的单位球的体积. 这样的测度全体构成一个偏序集, 我们记其中的一个极小元为 $dV[\Psi]$.

**定理 9.1.2**(Ohsawa[26]) 设 $(M, L; \omega, h)$ 如上, $K_M$ 为 $M$ 上的典范线丛. 假设在流的意义下有 $\Theta_h \geqslant \gamma$, 其中 $\gamma \geqslant 0$ 为 $M$ 上的一个连续 $(1,1)$-形式, 且存在 $0 < \delta < 1$, 使得在 $M \backslash S$ 上成立 $(1-\delta)\gamma + i\partial\bar{\partial}\Psi \geqslant 0$, 那么对任意 $f \in \Gamma(S, (K_M \otimes L)|_S)$, 若

$$\int_S |f|^2_{(dV)^{-1} \otimes h} dV[\Psi] < \infty,$$

则存在 $F \in \Gamma(M, K_M \otimes L)$, 使得 $F|_S = f$ 且

$$\int_M |F|^2_{(dV)^{-1} \otimes h} dV \leqslant C_0 (1 + 1/\delta)^2 \int_S |f|^2_{(dV)^{-1} \otimes h} dV[\Psi],$$

其中 $C_0$ 是某个绝对常数.

**证明** 这里给出的证明方法与拟凸域情形类似. 同样, 我们只需证明对一个 $M$ 中的一个相对紧的 Stein 区域 $\Omega$, 存在 $F \in \Gamma(\Omega, (K_M \otimes L)|_\Omega)$, 使得 $F|_{\Omega \cap S} = f$ 且

$$\int_\Omega |F|^2_{(dV)^{-1} \otimes h} dV \leqslant C_0 (1 + 1/\delta)^2 \int_S |f|^2_{(dV)^{-1} \otimes h} dV[\Psi].$$

由于 $S$ 是 Stein 流形 $M$ 的闭复子流形, 故其也是一个 Stein 流形. 根据萧荫堂的一个经典定理可知, $S$ 在 $M$ 中存在一个 Stein 邻域 $W$ 以及一个全纯的收缩映射 $\pi: W \to S$, 使得

$$\pi^*((K_M \otimes L)|_{S \cap \Omega}) = (K_M \otimes L)|_{\pi^{-1}(S \cap \Omega)}.$$

这样, $f$ 自然可以延拓成 $K_M \otimes L$ 在 $S \cap \Omega$ 的邻域 $\pi^{-1}(S \cap \Omega)$ 上的全纯截影. 为了方便起见, 我们仍用记号 $f$ 表示.

因为 $\Psi < 0$, 所以我们可定义完备 Kähler 区域 $\widehat{\Omega} := \Omega \backslash S$ 上的光滑函数 $\rho$, $\eta$, $\psi$ 如下

$$\rho = \log(e^\Psi + e^{-t}) - 1, \quad \eta = -\rho + \log(-\rho) + \frac{2}{\delta}, \quad \psi = -\log \eta,$$

其中 $t \gg 1$ 使得 $\rho < -1$ 且 $\psi$ 在 $\Omega$ 上有界. 直接计算可知在 $\widehat{\Omega}$ 上成立

$$\partial \bar{\partial} \rho = \frac{e^\Psi \partial \bar{\partial} \Psi}{e^\Psi + e^{-t}} + \frac{e^{\Psi-t} \partial \Psi \wedge \bar{\partial} \Psi}{(e^\Psi + e^{-t})^2}, \tag{9.1}$$

以及

$$\partial \bar{\partial} \psi = -\frac{\partial \bar{\partial} \eta}{\eta} + \frac{\partial \eta \wedge \bar{\partial} \eta}{\eta^2} = \left(1 - \frac{1}{\rho}\right) \frac{\partial \bar{\partial} \rho}{\eta} + \frac{\partial \rho \wedge \bar{\partial} \rho}{\eta \rho^2} + \frac{\partial \eta \wedge \bar{\partial} \eta}{\eta^2}. \tag{9.2}$$

设 $h = e^{-\varphi}$. 因为 $M$ 为 Stein 流形, 所以存在 $L$ 的光滑 Hermitian 度量 $h_0 = e^{-\varphi_0}$, 使得 $\Theta_{h_0} > \gamma$. 于是

$$\phi := \varphi - \varphi_0 \in PSH(M, \Theta_{h_0} - \gamma).$$

若令 $\phi_k := \max\{\phi, -k\}$, $k \in \mathbb{Z}^+$, 则有 $\psi_k \in PSH(M, \Theta_{h_0} - \gamma)$. 设 $\Omega' \subset\subset M$ 为 $\overline{\Omega}$ 的一个邻域. 由推论 7.4.8 可知对每个固定的 $k$, 存在一列

$$\phi_{k,j} \in C^\infty(\Omega') \cap PSH(\Omega', \Theta_{h_0} - \gamma),$$

使得 $\phi_{k,j} \downarrow \phi_k \ (j \to \infty)$. 设 $\Phi > 0$ 为 $M$ 上的一个 $C^\infty$ 强多次调和函数. 令

$$h'_{k,j} := h_0 e^{-\phi_{k,j} - \Phi/k - \Psi}, \quad h''_{k,j} := h'_{k,j} e^{-\psi}.$$

则在 $\widehat{\Omega}$ 上成立

$$\begin{aligned}
\Theta_{h'_{k,j}} &= \Theta_{h_0} + i\partial\bar{\partial}\phi_{k,j} + \frac{i\partial\bar{\partial}\Phi}{k} + i\partial\bar{\partial}\Psi \\
&\geqslant \gamma + i\partial\bar{\partial}\Psi + \frac{i\partial\bar{\partial}\Phi}{k} \\
&\geqslant \delta\gamma + \frac{i\partial\bar{\partial}\Phi}{k},
\end{aligned} \tag{9.3}$$

且由于 $-\rho \geqslant 1$ 以及 $\eta \geqslant 2/\delta + 1$, 故

$$\begin{aligned}
\delta\gamma + \left(1 - \frac{1}{\rho}\right)\frac{e^\Psi i\partial\bar{\partial}\Psi}{\eta(e^\Psi + e^{-t})} &= \frac{\left(1 - \frac{1}{\rho}\right)e^\Psi}{\eta(e^\Psi + e^{-t})}\left[\frac{\eta(e^\Psi + e^{-t})\delta\gamma}{\left(1 - \frac{1}{\rho}\right)e^\Psi} + i\partial\bar{\partial}\Psi\right] \\
&\geqslant \frac{\left(1 - \frac{1}{\rho}\right)e^\Psi}{\eta(e^\Psi + e^{-t})}(\gamma + i\partial\bar{\partial}\Psi) \geqslant 0. \tag{9.4}
\end{aligned}$$

于是由 (9.1) $\sim$ (9.4) 可得

$$\Theta_{h''_{k,j}} = \Theta_{h'_{k,j}} + i\partial\bar{\partial}\psi$$

$$\geqslant \delta\gamma + \frac{i\partial\bar{\partial}\Phi}{k} + \left(1 - \frac{1}{\rho}\right)\frac{e^{\Psi}i\partial\bar{\partial}\Psi}{\eta(e^{\Psi} + e^{-t})} + \frac{i\partial\rho \wedge \bar{\partial}\rho}{\eta\rho^2}$$

$$+ \left(1 - \frac{1}{\rho}\right)\frac{e^{\Psi-t}i\partial\Psi \wedge \bar{\partial}\Psi}{\eta(e^{\Psi} + e^{-t})^2} + \frac{i\partial\eta \wedge \bar{\partial}\eta}{\eta^2}$$

$$\geqslant \frac{i\partial\bar{\partial}\Phi}{k} + \frac{e^{\Psi-t}i\partial\Psi \wedge \bar{\partial}\Psi}{\eta(e^{\Psi} + e^{-t})^2} + \left(\frac{1}{\eta^2} + \frac{1}{\eta(-\rho + 1)^2}\right)i\partial\eta \wedge \bar{\partial}\eta$$

$$=: \hat{\omega}.$$

显然, $\hat{\omega} > 0$. 取截断函数 $\chi : \mathbb{R} \to [0,1]$, 使得 $\chi|_{(-\infty,-1]} = 1$ 且 $\chi|_{[0,\infty)} = 0$. 令

$$v := \bar{\partial}\chi(\Psi + t) \wedge f.$$

当 $t$ 充分大时, $v$ 在 $\Omega$ 上是光滑的. 设 $u_{k,j}$ 为 $\bar{\partial}u = v$ 的 $L^2(\widehat{\Omega}, K_M \otimes L; (dV)^{-1} \otimes h'_{k,j}, dV)$-极小解. 由于 $\psi \in L^\infty(\Omega)$, 故 $u_{k,j}e^\psi \perp \mathrm{Ker}\,\bar{\partial}$ 于 $L^2(\widehat{\Omega}, K_M \otimes L; (dV)^{-1} \otimes h''_{k,j}, dV)$. 于是由定理 8.2.1 以及命题 8.2.4 可知, 对任意 $r > 0$,

$$\int_{\widehat{\Omega}} |u_{k,j}|^2_{(dV)^{-1} \otimes h'_{k,j}} e^\psi dV$$

$$\leqslant \int_{\widehat{\Omega}} \left([\hat{\omega}, \Lambda]^{-1}\bar{\partial}(u_{k,j}e^\psi), \bar{\partial}(u_{k,j}e^\psi)\right)_{h''_{k,j}} dV$$

$$= \int_{\widehat{\Omega}} \left([\hat{\omega}, \Lambda]^{-1}(v + \bar{\partial}\psi \wedge u_{k,j}), (v + \bar{\partial}\psi \wedge u_{k,j})\right)_{h'_{k,j}} e^\psi dV$$

$$\leqslant \left(1 + r^{-1}\right) \int_{\widehat{\Omega}} |\bar{\partial}\chi(\Psi + t)|^2_{\hat{\omega}} |f|^2_{(dV)^{-1} \otimes h'_{k,j}} e^\psi dV$$

$$+ \int_{\widehat{\Omega}} |\bar{\partial}\psi|^2_{\hat{\omega}} |u_{k,j}|^2_{(dV)^{-1} \otimes h'_{k,j}} e^\psi dV$$

$$+ r \int_{\mathrm{supp}\,v} |\bar{\partial}\psi|^2_{\hat{\omega}} |u_{k,j}|^2_{(dV)^{-1} \otimes h'_{k,j}} e^\psi dV, \tag{9.5}$$

其中最后一个不等式从 Cauchy-Schwarz 不等式推得. 由 $\hat{\omega}$ 的定义即得

$$\int_{\widehat{\Omega}} |\bar{\partial}\psi|^2_{\hat{\omega}} |u_{k,j}|^2_{(dV)^{-1} \otimes h'_{k,j}} e^\psi dV \leqslant \int_{\widehat{\Omega}} \frac{|u_{k,j}|^2_{(dV)^{-1} \otimes h'_{k,j}} e^\psi dV}{1 + \dfrac{\eta}{(-\rho + 1)^2}}, \tag{9.6}$$

以及

$$\int_{\widehat{\Omega}} |\bar{\partial}\chi(\Psi+t)|_{\widehat{\omega}}^2 |f|_{(dV)^{-1}\otimes h'_{k,j}}^2 e^\psi dV$$

$$\leqslant \int_{\widehat{\Omega}\cap\{-t-1<\Psi<-t\}} |\chi'(\cdot)|^2 \frac{(e^\Psi+e^{-t})^2}{e^{\Psi-t}} |f|_{(dV)^{-1}\otimes h_0}^2 e^{-\phi_{k,j}-\Phi/k-\Psi} dV$$

$$\leqslant C_0 \int_{\Omega'\cap S} |f|_{(dV)^{-1}\otimes h_0}^2 e^{-\phi_{k,j}-\Phi/k} dV[\Psi] \quad (\text{当 } t=t(j,k)\gg 1 \text{ 时})$$

$$\leqslant C_0 \int_S |f|_{(dV)^{-1}\otimes h}^2 dV[\Psi]. \tag{9.7}$$

由于

$$i\partial\psi\wedge\bar{\partial}\psi = \frac{1}{\eta^2}\left(1-\frac{1}{\rho}\right)^2 i\partial\rho\wedge\bar{\partial}\rho \leqslant \frac{4}{\eta^2} i\partial\rho\wedge\bar{\partial}\rho,$$

以及

$$\widehat{\omega} \geqslant \frac{e^{\Psi-t} i\partial\Psi\wedge\bar{\partial}\Psi}{\eta(e^\Psi+e^{-t})^2} \geqslant \frac{i\partial\rho\wedge\bar{\partial}\rho}{\eta} \quad \text{于 supp}\, v,$$

故有

$$\int_{\text{supp}\, v} |\bar{\partial}\psi|_{\widehat{\omega}}^2 |u_{k,j}|_{(dV)^{-1}\otimes h'_{k,j}}^2 e^\psi dV \leqslant \int_\Omega \frac{4}{\eta} |u_{k,j}|_{(dV)^{-1}\otimes h'_{k,j}}^2 e^\psi dV. \tag{9.8}$$

将 $(9.6)\sim(9.8)$ 代入 $(9.5)$ 即得

$$\int_{\widehat{\Omega}} \left(\frac{\dfrac{\eta}{(-\rho+1)^2}}{1+\dfrac{\eta}{(-\rho+1)^2}} - \frac{4r}{\eta}\right) |u_{k,j}|_{(dV)^{-1}\otimes h'_{k,j}}^2 e^\psi dV$$

$$\leqslant (1+r^{-1})\, C_0 \int_S |f|_{(dV)^{-1}\otimes h}^2 dV[\Psi]. \tag{9.9}$$

由于 $\eta > -\rho+1$, 故

$$\frac{\dfrac{\eta}{(-\rho+1)^2}}{1+\dfrac{\eta}{(-\rho+1)^2}} > \frac{1}{1+\eta} \geqslant \frac{1}{2\eta}.$$

若取 $r = 1/16$, 那么 (9.9) 左边的积分不小于

$$\frac{1}{4} \int_{\widehat{\Omega}} \eta^{-2} |u_{k,j}|^2_{(dV)^{-1}\otimes h_0} e^{-\phi_{k,j}-\Phi/k-\Psi} dV. \tag{9.10}$$

由于 $\Psi \leqslant 1 + \rho$ 以及 $\eta \leqslant 2(-\rho + 1/\delta)$, 故有

$$\eta^{-2} e^{-\Psi} \geqslant \eta^{-2} e^{-1-\rho} \geqslant \frac{1}{4e} \cdot \frac{e^{-\rho}}{(-\rho + 1/\delta)^2} \geqslant \frac{1}{4(1+1/\delta)^2}. \tag{9.11}$$

由 (9.9) $\sim$ (9.11) 即得

$$\int_{\widehat{\Omega}} |u_{k,j}|^2_{(dV)^{-1}\otimes h_0} e^{-\phi_{k,j}-\Phi/k-\Psi} dV \leqslant C_0 \left(1 + 1/\delta\right)^2 \int_S |f|^2_{(dV)^{-1}\otimes h} dV[\Psi]. \tag{9.12}$$

由命题 8.2.8 可知 $\bar{\partial} u_{k,j} = v$ 在 $\Omega$ 上也成立. 于是 $F_{k,j} := \chi(\Psi+t)f - u_{k,j}$ 为 $K_M \otimes L$ 在 $\Omega$ 上的一个全纯截影, 使得 $F_{k,j}|_{\Omega \cap S} = f$ 且

$$\int_{\Omega} |F_{k,j}|^2_{(dV)^{-1}\otimes h_0} e^{-\phi_{k,j}-\Phi/k} dV \leqslant C_0 \left(1 + 1/\delta\right)^2 \int_S |f|^2_{(dV)^{-1}\otimes h} dV[\Psi]. \tag{9.13}$$

只需取 $\{F_{k,j}\}$ 的某个内闭匀敛极限 $F$ 即可. $\qquad\square$

**推论 9.1.3**(Ohsawa) 设 $\Omega$ 为 $\mathbb{C}^n$ 中的一个拟凸域, $H$ 为 $\mathbb{C}^n$ 中的一个复超平面, $\varphi \in PSH(\Omega)$. 设 $\psi$ 为 $\Omega$ 上的一个 $C^\infty$ 多次调和函数且满足 $\sup_\Omega (\psi + 2\log d(\cdot, H)) < \infty$. 那么若 $f \in \mathcal{O}(\Omega \cap H)$ 满足

$$\int_{\Omega \cap H} |f|^2 e^{-\varphi-\psi} < \infty,$$

则存在 $F \in \mathcal{O}(\Omega)$, 使得 $F|_{\Omega \cap H} = f$ 且

$$\int_{\Omega} |F|^2 e^{-\varphi} \leqslant C \int_{\Omega \cap H} |f|^2 e^{-\varphi-\psi},$$

其中常数 $C$ 仅依赖于 $\sup_\Omega (\psi + 2\log d(\cdot, H))$.

**证明**    不妨设 $H = \{z_n = 0\}$. 取 $L = \Omega \times \mathbb{C}$, $h = e^{-\varphi}$, $dV$ 为 Lebesgue 测度以及

$$\Psi(z) = \psi(z) + 2\log|z_n| - \sup_{z \in \Omega}(\psi(z) + 2\log|z_n|).$$

对 $f dz_1 \wedge \cdots \wedge dz_n$ 直接应用定理 9.1.2 (此时 $\gamma = 0$) 即得.    □

一个自然的问题是定理 9.1.2 中的 Stein 流形假设是否可以减弱为完备 Kähler 流形. 这甚至在区域情形也是非平凡的. 事实上, 我们有下面的问题:

**问题** (Ohsawa)    Ohsawa-Takegoshi 延拓定理对于有界完备 Kähler 区域是否依然成立?

下面的定理给出了一个部分回答.

**定理 9.1.4**[8]    设 $\Omega \subset \mathbb{C}^n$ 是一个有界完备 Kähler 区域, $\varphi \in PSH(\Omega)$. 那么对任意 $a \in \Omega$ 以及 $c \in \mathbb{C}$, 如果 $|c|^2 \leqslant e^{\varphi(a)}$, 则存在 $f \in \mathcal{O}(\Omega)$ 以及只与维数 $n$ 和 $\mathrm{diam}\,\Omega$ 有关的常数 $C$, 使得 $f(a) = c$ 且

$$\int_\Omega |f|^2 e^{-\varphi} \leqslant C.$$

**证明**    不妨设 $a = 0$ 以及 $\mathrm{diam}\,\Omega < e^{-1}$. 取 $\varepsilon \ll 1$, 使得 $B_\varepsilon := \{|z| < \varepsilon\} \subset \Omega$. 那么 $\varphi_\varepsilon(z) := \varphi(\varepsilon z)$ 为 $B_1 := \{|z| < 1\}$ 上的多次调和函数. 由 Ohsawa-Takegoshi 延拓定理可知存在 $\widetilde{f}_\varepsilon \in \mathcal{O}(B_1)$, 使得 $\widetilde{f}_\varepsilon(0) = c$ 且 $\int_{B_1} |\widetilde{f}_\varepsilon|^2 e^{-\varphi_\varepsilon} \leqslant C_n$. 令 $f_\varepsilon(z) := \widetilde{f}_\varepsilon(z/\varepsilon)$. 则 $f_\varepsilon \in \mathcal{O}(B_\varepsilon)$, $f_\varepsilon(0) = c$ 且

$$\int_{B_\varepsilon} |f_\varepsilon|^2 e^{-\varphi} = \varepsilon^{2n} \int_{B_1} |\widetilde{f}_\varepsilon|^2 e^{-\varphi_\varepsilon} \leqslant C_n \varepsilon^{2n}.$$

取截断函数 $\chi : \mathbb{R} \to [0, \infty)$, 使得 $\chi|_{(-\infty, 1/2]} = 1$ 且 $\chi|_{[1, \infty)} = 0$. 令 $\widetilde{\varphi}(z) = \varphi(z) + |z|^2 + n\log|z|^2$ 以及

$$\phi = -\log\left\{-\left[\log(\varepsilon^2 + |z|^2) - \log(-\log(\varepsilon^2 + |z|^2))\right]\right\}.$$

由定理 8.2.5 可知方程

$$\bar{\partial}u = \bar{\partial}\left(\chi(|z|^2/\varepsilon^2)f_\varepsilon\right) =: v_\varepsilon$$

存在解 $u_\varepsilon \in L^2(\Omega, \widetilde{\varphi})$. 不妨设其为 $L^2(\Omega, \widetilde{\varphi})$-极小解. 用定理 8.2.5 取代 Hörmander 定理，用 $\log(|z|^2 + \varepsilon^2)$ 取代 $\log(|z_n|^2 + \varepsilon^2)$, 并且注意到

$$\int_\Omega |v_\varepsilon|^2_{i\partial\bar{\partial}\phi} e^{\phi - \widetilde{\varphi}} \leqslant C_n \int_{\varepsilon^2/2 \leqslant |z|^2 \leqslant \varepsilon^2} |\chi'|^2 \frac{|z|^2}{\varepsilon^4} \frac{(|z|^2 + \varepsilon^2)^2}{\varepsilon^2} \frac{|f_\varepsilon|^2}{|z|^{2n}} e^{-\varphi}$$

$$\leqslant C_n \varepsilon^{-2n} \int_{|z| \leqslant \varepsilon} |f_\varepsilon|^2 e^{-\varphi} \leqslant C_n,$$

我们可以重复 Ohsawa-Takegoshi 定理的证明得到

$$\int_\Omega \frac{|u_\varepsilon|^2}{|z|^{2n} [\log(|z|^2 + \varepsilon^2)]^2} e^{-\varphi} \leqslant C_n.$$

只需取 $f := \chi(|z|^2/\varepsilon^2) f_\varepsilon - u_\varepsilon$ 即可. □

作为定理 9.1.4 的一个有意思的应用, 我们可以将萧荫堂的多次调和函数 Thullen 型延拓定理 (见 [30]) 从解析子集情形推广至闭完备多极集情形.

**推论 9.1.5**[8] 设 $\mathbb{D}_r$ 为圆心在 0 且半径为 $r$ 的圆盘, $\mathbb{D} := \mathbb{D}_1$. 设 $E \subset \mathbb{D}^n \times \mathbb{D}_r$ 为一个完备闭多极集, $\varphi \in PSH(\mathbb{D}^{n+1} \setminus E)$. 若存在正测度子集 $A \subset \mathbb{D}^n$, 使得对任意 $z' \in A$, $\varphi(z', \cdot)$ 可延拓为 $\mathbb{D}_r$ 上的次调和函数, 那么 $\varphi$ 可延拓为 $\mathbb{D}^{n+1}$ 上的多次调和函数.

**证明** 只需证明对任意 $a \in E$, $\varphi$ 在 $a$ 的某个邻域上有上界即可. 我们取一个开球 $B \subset\subset \mathbb{D}^n$, 使得 $a \in B \times \mathbb{D}_r$. 我们来证明 $\varphi$ 在 $(B \times \mathbb{D}_r) \setminus E$ 上有上界. 任取 $z_0 \in (B \times \mathbb{D}_r) \setminus E$. 由于 $E$ 为 $\mathbb{D}^{n+1}$ 中的完备闭多极集, 故由命题 7.1.12 可知 $\mathbb{D}^{n+1} \setminus E$ 是一个完备 Kähler 区域. 因此由定理 9.1.4 可知存在 $f \in \mathcal{O}(\mathbb{D}^{n+1} \setminus E)$, 使得 $f(z_0) = e^{\varphi(z_0)/2}$ 且

$$\int_{\mathbb{D}^{n+1} \setminus E} |f|^2 e^{-\varphi} \leqslant C_n. \tag{9.14}$$

记 $E_{z'} := (\{z'\} \times \mathbb{D}) \cap E$, $z' \in \mathbb{D}^n$. 我们可以将 $E_{z'}$ 视为 $\mathbb{D}$ 的一个子集. 因为 $E$ 是 $\mathbb{D}^{n+1}$ 中的多极集, 所以其为 $\mathbb{D}^{n+1}$ 中的零测集. 由 Fubini 定

理可知, 存在 $\mathbb{D}^n$ 中的零测集 $Z_1$, 使得对任意 $z' \in \mathbb{D}^n \setminus Z_1$, 有 $E_{z'} \neq \mathbb{D}$, 从而 $E_{z'}$ 是 $\mathbb{D}$ 中的极集. 此外, 由 Fubini 定理以及 (9.14) 可知, 存在 $\mathbb{D}^n$ 中的零测集 $Z_2$, 使得当 $z' \in \mathbb{D}^n \setminus Z_2$ 时有

$$\int_{\mathbb{D}\setminus E_{z'}} |f(z',\cdot)|^2 e^{-\varphi(z',\cdot)} < \infty. \tag{9.15}$$

因为 $A \subset \mathbb{D}^n$ 为正测集, 所以 $A \setminus (Z_1 \cup Z_2) \neq \varnothing$. 注意到当 $z' \in A \setminus (Z_1 \cup Z_2)$ 时, $\varphi$ 在 $\{z'\} \times \mathbb{D}$ 上局部有上界. 于是由 (9.15) 可知

$$f(z',\cdot) \in \mathcal{O}(\mathbb{D}\setminus E_{z'}) \cap L^2_{\text{loc}}(\mathbb{D}), \quad z' \in A \setminus (Z_1 \cup Z_2).$$

根据定理 5.4 我们可以将 $f(z',\cdot)$ 延拓为 $\mathbb{D}$ 上的全纯函数. 由于 $A \setminus (Z_1 \cup Z_2)$ 为 $\mathbb{D}^n$ 中正测集, 故由 Hartogs 延拓性质不难验证 $f$ 可延拓为 $\mathbb{D}^{n+1}$ 上的全纯函数.

设 $r < r' < r'' < 1$. 取 $\mathbb{D}^n$ 中的开球 $B'$, 使得 $B \subset\subset B' \subset\subset \mathbb{D}^n$. Cauchy 估计表明

$$e^{\varphi(z_0)} = |f(z_0)|^2 \leqslant C \int_{B'\times(\mathbb{D}_{r''}\setminus\mathbb{D}_r)} |f|^2$$
$$\leqslant C \sup_{B'\times(\mathbb{D}_{r''}\setminus\mathbb{D}_r)} e^{\varphi} \cdot \int_{B'\times(\mathbb{D}_{r''}\setminus\mathbb{D}_r)} |f|^2 e^{-\varphi}$$
$$\leqslant C C_n \sup_{B'\times(\mathbb{D}_{r''}\setminus\mathbb{D}_r)} e^{\varphi},$$

其中 $C$ 是一个与 $z_0$ 无关的常数. 于是 $\varphi$ 在 $(B \times \mathbb{D}_r) \setminus E$ 有上界. □

一个自然的问题如下:

**问题**　上面推论中 $E$ 的完备性假设是否多余的?

这表明甚至完备 Kähler 条件也不一定是 $L^2$ 理论的终极条件.

## 9.2　多亏格的形变不变性

在延拓定理的诸多应用中, 最令人瞩目的当属萧荫堂的多亏格形变不变性定理. 让我们先来回忆一些复流形形变理论的基本概念.

**定义 9.2.1** 设 $\mathcal{M}$ 是一个复流形, $\pi : \mathcal{M} \to \mathbb{D}$ 为一个满的全纯映射. 如果 $d\pi$ 处处非零且对任意 $t \in \mathbb{D}$, $M_t := \pi^{-1}(t)$ 为 $\mathcal{M}$ 上的一个紧复子流形, 那么我们称 $\mathcal{M} = \{M_t\}_{t \in \mathbb{D}}$ 为 $\mathbb{D}$ 上的一个复解析族.

**定义 9.2.2** 若进一步假设 $\mathcal{M}$ 上存在一个正 Hermitian 线丛, 则称 $\mathcal{M}$ 是一个代数复解析族.

**注** 由 Kodaira 嵌入定理可知若 $\mathcal{M}$ 为代数的, 则每个 $M_t$ 均为代数流形.

**定理 9.2.3**(萧荫堂[31,32]) 设 $(\mathcal{M}, \mathbb{D}, \pi)$ 为一个代数复解析族. 那么多亏格

$$P_m(t) := \dim_{\mathbb{C}} \Gamma(M_t, mK_{M_t})$$

均与 $t$ 无关.

这里为了简单起见, 对于任意两个线丛 $L, L'$, 记 $L + L' := L \otimes L'$ 以及 $mL := L^{\otimes m}$.

由 Riemann-Roch 定理可知 Riemann 面上的多亏格是拓扑不变量, 故当 $\dim_{\mathbb{C}} \mathcal{M} = 2$ 时结论是平凡的; 而当 $\dim_{\mathbb{C}} \mathcal{M} = 3$ 时, Iitaka 利用 Kodaira 关于复曲面的分类证明了对于一般的复解析族, $P_m(t)$ 是形变不变量; 当 $\dim_{\mathbb{C}} \mathcal{M} \geqslant 4$ 时, Nakamura 构造了一些例子说明对于一般的复解析族, $P_m(t)$ 并不一定是形变不变量.

接下来我们将采用 Mihai Păun[29] 的一个简化证明. 主要工具是下面的 Ohsawa-Takegoshi 型延拓定理.

**定理 9.2.4** 设 $(\mathcal{M}, \mathbb{D}, \pi)$ 为一个代数复解析族, $\omega$ 是 $\mathcal{M}$ 上的一个 Kähler 度量, $(L, h)$ 是 $\mathcal{M}$ 上的一个奇异 Hermitian 线丛, 且满足 $\Theta_h \geqslant 0$. 记 $dV$ 和 $dV_0$ 分别为由 $\omega$ 所诱导的 $\mathcal{M}$ 和 $M_0$ 上的体积元. 那么对任意 $f \in \Gamma(M_0, (K_{\mathcal{M}} + L)|_{M_0})$, 只要

$$\int_{M_0} |f|^2_{(dV)^{-1} \otimes h} dV_0 < \infty,$$

则存在 $F \in \Gamma(\mathcal{M}, K_{\mathcal{M}} + L)$, 使得 $F|_{M_0} = f$ 且

$$\int_{\mathcal{M}} |F|^2_{(dV)^{-1}\otimes h} dV \leqslant C_0 \int_{M_0} |f|^2_{(dV)^{-1}\otimes h} dV_0,$$

其中 $C_0$ 是一个仅依赖于 $M_0$ 的常数.

**证明**　对于 $0 < r < 1$, 令 $\mathcal{M}_r := \pi^{-1}(\mathbb{D}_r)$, 其中 $\mathbb{D}_r := \{|t| < r\}$. 取 $\mathbb{D}_r$ 上的一个完备 Kähler 度量 $\omega_r$ 以及 $\mathcal{M}_r$ 上的光滑 Hermitian 线丛 $(L', h')$, 使得 $\Theta_{h'} > 0$. 那么 $\pi^*\omega_r + \Theta_{h'}$ 给出了 $\mathcal{M}$ 上的一个完备 Kähler 度量. 仿照定理 8.3.10 的证明, 我们可以构造 $s \in \Gamma(\mathcal{M}_r, L')$, 使得 $s|_{M_0} \not\equiv 0$. 记 $Z := \{s = 0\}$. 那么 $\pi^*(-\log(r^2 - |t|^2)) - \log|s|^2$ 给出了一个 $\mathcal{M}_r \setminus Z$ 上的强多次调和穷竭函数, 使得 $\mathcal{M}_r \setminus Z$ 成为一个 Stein 流形且 $M_0 \setminus Z \neq \varnothing$.

显然, $\Psi := \log|t|^2$ 定义了 $\mathcal{M}_r$ 上的一个多次调和函数且满足 $\Psi \in \#(M_0)$. 此外, 不难验证 $dV[\Psi] \asymp dV_{M_0}$, 其中隐含常数仅依赖于 $M_0$. 由定理 9.1.2 (此时 $\gamma = 0$) 以及命题 8.2.8 可知, 存在 $F_r \in \Gamma(\mathcal{M}_r, K_{\mathcal{M}} + L)$, 使得 $F_r|_{M_0} = f$ 且

$$\int_{\mathcal{M}_r} |F_r|^2_{(dV)^{-1}\otimes h} dV \leqslant C_0 \int_{M_0} |f|^2_{(dV)^{-1}\otimes h} dV_0.$$

只需取 $\{F_r\}$ 在 $r \to 1-$ 时的内闭匀敛极限即可.　　□

在证明定理 9.2.3 之前, 我们先来做一些准备工作. 为了简单起见, 我们通过同构

$$u \mapsto dt \wedge u$$

将 $K_{\mathcal{M}}|_{M_t}$ 与 $K_{M_t}$ 恒同起来. 众所周知, $P_m(t)$ 关于 $t$ 总是上半连续的 (在多数复流形的教材中都可以找到证明). 因此只需证明 $P_m(t)$ 的下半连续性. 不失一般性, 我们只需处理在 $t = 0$ 的情形. 由上半连续性不妨假设 $P_m(0) \neq 0$. 因此只需证明任意 $f \in \Gamma(M_0, mK_{M_0})$ 可全纯延拓为某个 $F \in \Gamma(\mathcal{M}_r, mK_{\mathcal{M}})$. 利用定理 9.2.4 可将问题归结为寻找 $L := (m-1)K_{\mathcal{M}}|_{\mathcal{M}_r}$ 上的奇异 Hermitian 度量 $h = e^{-\phi}$, 使得 $\Theta_h \geqslant 0$ 且

$$\int_{M_0} |f|^2_{(dV)^{-1}\otimes h} dV_0 < \infty.$$

注意到 $f$ 自然诱导出 $mK_{M_0}$ 上的一个奇异 Hermitian 度量 $e^{-\psi}$, 其中 $\psi = \log |f|^2$ (这里 $\psi$ 是一个局部定义的函数, 即 $|f|^2$ 应该理解为 $|f|^2 = |f^*|^2$, 其中 $f^*$ 为 $f$ 的局部表示). 记 $\psi' := (1 - 1/m)\psi$. 那么 $h' := e^{-\psi'}$ 定义了 $L|_{M_0}$ 上的一个奇异 Hermitian 度量, 使得

$$\int_{M_0} |f|^2_{(dV)^{-1} \otimes h'} dV_0 = \int_{M_0} \left[ |f|^2_{(dV)^{-m}} \right]^{1/m} dV_0 < \infty.$$

因此只需将 $h'$ 延拓为 $(m-1)K_{\mathcal{M}}|_{\mathcal{M}_r}$ 上的奇异 Hermitian 度量即可 (这比直接作全纯延拓要容易!).

我们选取 $\mathcal{M}$ 上的正 Hermitian 线丛 $\widetilde{L}$, 使得当 $-1 \leqslant p \leqslant m-1$ 时, $pK_{\mathcal{M}} + \widetilde{L}$ 都是正 Hermitian 线丛; 更进一步, 由定理 9.2.4 与定理 8.3.10 的证明可使得下面两条性质对于任意 $0 \leqslant p \leqslant m-1$ 均成立:

(a) $(pK_{\mathcal{M}} + \widetilde{L})|_{M_0}$ 的全纯截影可全纯延拓至 $\mathcal{M}_r$;

(b) $(pK_{\mathcal{M}} + \widetilde{L})|_{M_0}$ 是基点自由的, 即

$$\forall x \in M_0, \exists s \in \Gamma(M_0, (pK_{\mathcal{M}} + \widetilde{L})|_{M_0}), \text{ 使得 } s(x) \neq 0.$$

设 $\{s_j^{(p)}\}$ 为 $\Gamma(M_0, (pK_{\mathcal{M}} + \widetilde{L})|_{M_0})$ 上的一组基. 我们先来证明下面的引理:

**引理 9.2.5** 对于 $0 \leqslant p \leqslant m-1$ 以及 $k = 0, 1, 2, \cdots$, 线丛 $((mk+p)K_{\mathcal{M}} + \widetilde{L})|_{M_0}$ 的全纯截影 $f^{\otimes k} \otimes s_j^{(p)}$ 可以全纯延拓至 $\mathcal{M}_r$.

**证明** 我们对 $l := mk+p$ 使用数学归纳法. 当 $l < m$ 时, 有 $k = 0$ 以及 $p \leqslant m-1$, 此时由条件 (a) 即得. 关键的过程是过渡到 $l = m$ 情形, 即 $k = 1$ 以及 $p = 0$. 我们需要延拓

$$f \otimes s_j^{(0)} \in \Gamma(M_0, (mK_{\mathcal{M}} + \widetilde{L})|_{M_0}).$$

记 $S_j^{(m-1)}$ 为 $s_j^{(m-1)}$ 的延拓. 令

$$\phi_{m-1} := \log \sum_j \left| S_j^{(m-1)} \right|^2.$$

那么 $h_{m-1} := e^{-\phi_{m-1}}$ 定义了一个 $((m-1)K_{\mathcal{M}}+\widetilde{L})|_{\mathcal{M}_r}$ 上的一个半正定奇异 Hermitian 度量. 此外, 由 (b) 可知

$$\int_{M_0} \left| f \otimes s_j^{(0)} \right|^2_{(dV)^{-1}\otimes h_{m-1}} dV_0 < \infty.$$

由定理 9.2.4 可知 $f \otimes s_j^{(0)}$ 可延拓为 $\mathcal{M}_r$ 上的全纯截影 $\widehat{f \otimes s_j^{(0)}}$, 使得

$$\int_{\mathcal{M}_r} \left| \widehat{f \otimes s_j^{(0)}} \right|^2_{(dV)^{-1}\otimes h_{m-1}} dV \leqslant C_0 \int_{M_0} \left| f \otimes s_j^{(0)} \right|^2_{(dV)^{-1}\otimes h_{m-1}} dV_0. \quad (9.16)$$

令

$$\phi_m := \log \sum_j \left| \widehat{f \otimes s_j^{(0)}} \right|^2.$$

那么 $h_m := e^{-\phi_m}$ 定义了一个 $(mK_{\mathcal{M}}+\widetilde{L})|_{\mathcal{M}_r}$ 上的半正定奇异 Hermitian 度量. 由 (b) 可知

$$\int_{M_0} \left| f \otimes s_j^{(1)} \right|^2_{(dV)^{-1}\otimes h_m} dV_0 < \infty.$$

再次利用定理 9.2.4 可知 $f \otimes s_j^{(1)}$ 可以延拓为

$$\widehat{f \otimes s_j^{(1)}} \in \Gamma(\mathcal{M}_r, (m+1)K_{\mathcal{M}} + \widetilde{L}),$$

而且类似于 (9.16) 的估计依然成立. 不断重复上面的论证过程可知, 结论对于任意 $k \in \mathbb{Z}^+$ 以及 $l = km+2, km+3, \cdots, km+m-1$ 均成立. $\square$

**定理 9.2.3 的证明**　对每个 $l = km + p$, 我们令

$$\phi_l := \log \sum_j \left| \widehat{f^{\otimes k} \otimes s_j^{(p)}} \right|^2.$$

那么 $h_l := e^{-\phi_l}$ 定义了一个 $(lK_{\mathcal{M}} + \widetilde{L})|_{\mathcal{M}_r}$ 上的半正定奇异 Hermitian 度量. 若令 $(dV)^{-1} =: e^{-\varphi_0}$, 则由引理 9.2.5 的证明可知

$$\int_{\mathcal{M}_r} e^{\phi_{l+1}-\phi_l} := \int_{\mathcal{M}_r} e^{\phi_{l+1}-\phi_l-\varphi_0} dV \leqslant C_0 \int_{M_0} e^{\phi_{l+1}-\phi_l-\varphi_0} dV_0,$$

其中右边的积分为

$$\begin{cases} \displaystyle\int_{M_0} \frac{\sum_j \left| f^{\otimes k} \otimes s_j^{(p)} \right|^2 e^{-\varphi_0} dV_0}{\sum_j \left| f^{\otimes k} \otimes s_j^{(p-1)} \right|^2}, & p = 1, 2, \cdots, m-1 \\[6mm] \displaystyle\int_{M_0} \frac{\sum_j \left| f^{\otimes k} \otimes s_j^{(0)} \right|^2 e^{-\varphi_0} dV_0}{\sum_j \left| f^{\otimes (k-1)} \otimes s_j^{(m-1)} \right|^2}, & p = 0. \end{cases}$$

由 (b) 可知这两个积分都可以被一个仅依赖于 $M_0$, $f$ 以及 $\{s_j^{(p)}\}_{p=0}^{m-1}$ 的常数所控制. 于是

$$\int_{\mathcal{M}_r} e^{\phi_{l+1} - \phi_l} \leqslant C,$$

其中 $C$ 是一个与 $l$ 无关的常数. 应用 Holder 不等式可得

$$\int_{\mathcal{M}_r} e^{\phi_l/l} = \int_{\mathcal{M}_r} e^{(\phi_l - \phi_{l-1})/l} \cdots e^{(\phi_2 - \phi_1)/l} \cdot e^{\phi_1/l}$$

$$\leqslant C^{1/l} \cdots C^{1/l} C^{1/l} = C.$$

由于 $\phi_l$ 局部是多次调和函数, 故上面不等式结合次均值不等式可以推出 $\phi_l/l$ 在 $\mathcal{M}_r$ 上局部一致有上界. 取 $l = mk$ 并记

$$\phi_\infty := \left( \limsup_{k \to \infty} \frac{\phi_{km}}{km} \right)^*,$$

这里 $(\cdot)^*$ 指上半连续化. 那么 $h_\infty := e^{-\phi_\infty}$ 是 $K_{\mathcal{M}}|_{\mathcal{M}_r}$ 上的半正定奇异 Hermitian 度量 (注意到此时 $\widetilde{L}$ 消失了!). 又因为在 $M_0$ 上有

$$\frac{\phi_{km}}{km} = \frac{1}{m} \log |f|^2 + \frac{1}{km} \log \left( \sum_j \left| s_j^{(0)} \right|^2 \right),$$

而 $s_j^{(0)}$ 不同时为 0, 故

$$\phi_\infty|_{M_0} = \frac{1}{m} \log |f|^2,$$

即 $e^{-m\phi_\infty}$ 为 $e^{-\psi}$ 至 $\mathcal{M}_r$ 的延拓.　　　　　　　　　　　　□

**定义 9.2.6**　称一个复解析族 $\mathcal{M}$ 为 Kähler 的, 若 $\mathcal{M}$ 是一个 Kähler 流形.

萧荫堂提出了下面的问题:

**问题**　设 $(\mathcal{M}, \mathbb{D}, \pi)$ 为一个 Kähler 复解析族. 多亏格 $P_m(t)$ 是否与 $t$ 无关?

值得一提的是, Junyan Cao 已经将延拓定理 9.2.4 推广至 Kähler 复解析族.

# 参 考 文 献

[1] Berndtsson B. Weighted estimates for the $\bar{\partial}$-equation//McNeal J D, eds. Complex Analysis and Geometry. Berlin: de Gruyter, 2001: 43-57.

[2] Berndtsson B. An introduction to things $\bar{\partial}$//McNeal J D, et al., eds. Analytic and Algebraic Geometry. Providence, RI: Amer. Math. Soc., 2010: 7-76.

[3] Berndtsson B. The openness conjecture for plurisubharmonic functions. arXiv:1305.5781.

[4] Blocki Z. Several Complex Variables. http://gamma.im.uj.edu.pl/~blocki. 1998.

[5] Blocki Z. Cauchy-Riemann meet Monge-Ampère. Bull. Math. Sci., 2014, 4: 433-480.

[6] Blocki Z, Kolodziej S. On regularization of plurisubharmonic functions on manifolds. Proc. Amer. Math. Soc., 2007, 135: 2089-2093.

[7] Chen B Y. A simple proof of the Ohsawa-Takegoshi extension theorem. arXiv: 1105.2430.

[8] Chen B Y, Wu J J, Wang X. Ohsawa-Takegoshi type theorem and extension of plurisubharmonic functions. Math. Ann., 2015, 362: 305-319.

[9] Chen B Y. Parameter dependence of the Bergman kernels. Adv. Math., 2016, 299: 108-138.

[10] Conway J B. Functions of One Complex Variable II. New York: Springer-Verlag, 1996.

[11] Courant R. Dirichlet's Principle, Conformal Mapping, and Minimal Surfaces. New York: Interscience Publishers, Inc., 1950.

[12] Demailly J P, Kollár J. Semi-continuity of complex singularity exponents and Kähler-Einstein metrics on Fano orbifolds. Ann. Scient. Éc. Norm. Sup., 2001, 34: 525-556.

[13] Demailly J P. Complex analytic and differential geometry. http:www-fourier.ujf-grenoble.fr/~demally. 2012.

[14] Demailly J P. Analytic Methods in Algebraic Geometry. Beijing: Higher Education Press, 2010.

[15] Folland G B, Kohn J J. The Neumann Problem for the Cauchy-Riemann Complex. Ann. Math. Studies 75. Princeton: Princeton University Press, 1972.

[16] Fornaess J E. Several Complex Variables. arXiv: 1507.00562.

[17] Gilberg G, Trudinger N. Elliptic Partial Differential Equations of Second Order. Berlin, Heidelberg: Springer-Verlag, 2001.

[18] Guan Q A, Zhou X Y. A proof of Demailly's strong openness conjecture. Ann. Math., 2015, 182: 605-616.

[19] Hörmander L. $L^2$ estimates and existence theorems for the $\bar{\partial}$ operator. Acta Math., 1965, 113: 89-152.

[20] Hörmander L. An Introduction to Complex Analysis in Several Variables. Amsterdam: North Holland Publishing, 1990.

[21] Jarnicki M, Pflug P. Extension of Holomorphic Functions. Berlin, Boston: Walter de Gruyter, 2000.

[22] Kajiwara J. On the limit of a monotonous sequence of Cousin's domains. J. Math. Soc. Japan, 1965, 17: 36-46.

[23] Morrow J, Kodaira K. Complex Manifolds. New York: Holt, Rinehart and Winston, Inc., 1971.

[24] Narasimhan R. Several Complex Variables. Chicago: University of Chicago Press, 1971.

[25] Ohsawa T. Takegoshi K. On the extension of $L^2$ holomorphic functions. Math. Z., 1987, 195: 197-204.

[26] Ohsawa T. On the extension of $L^2$ holomorphic functions V-effects of generalization. Nagoya Math. J., 2001, 161: 1-21.

[27] Ohsawa T. Analysis of Several Complex Variables. Translations of Mathematical Monographs 211. Providence, RI: Amer. Math. Soc., 2002.

[28] Ohsawa T. $L^2$ Approaches in Several Complex Variables. 2nd ed. New York: Springer, 2018.

[29] Pǎun M. Siu's invariance of plurigenera: A one-tower proof. J. Diff. Geom., 2007, 76: 485-493.

[30] Siu Y T. Analyticity of sets associated to Lelong numbers and the extension of closed positive currents. Invent. Math., 1974, 27: 53-156.

[31] Siu Y T. Invariance of plurigenera. Invent. Math., 1998, 134: 661-673.

[32] Siu Y T. Extension of twisted pluricanonical sections with plurisubharmonic weight and invariance of semi-positively twisted plurigenera for manifolds not necessarily of general type//Complex Geometry (Gottingen, 2000). Berlin: Springer, 2002: 223-277.

[33] 涂振汉. 多元复分析. 北京: 科学出版社, 2015.

# 附　　录

## A. 定理 3.2.3 的证明

这里给出的证明取自 [17].

设 $e_j$ 为 $x_j$-方向的单位向量. 我们定义 $\Omega$ 上的实值函数 $u$ 在 $x_j$-方向的微商为

$$D_t^j u(x) = \frac{u(x + te_j) - u(x)}{t}, \quad t \neq 0.$$

记 $\partial_j = \partial / \partial x_j$.

**引理 1**　设 $u \in W^{1,2}(\Omega)$, $\Omega' \subset\subset \Omega$ 以及 $|t| < d(\Omega', \partial\Omega)$, 那么

$$\|D_t^j u\|_{L^2(\Omega')} \leqslant \|\partial_j u\|_{L^2(\Omega)}. \tag{1}$$

**证明**　首先假设 $u \in C^1(\Omega) \cap W^{1,2}(\Omega)$. 由于

$$D_t^j u(x) = \frac{1}{t} \int_0^t \partial_j u(x_1, \cdots, x_{j-1}, x_j + se_j, x_{j+1}, \cdots, x_n) ds,$$

故从 Cauchy-Schwarz 不等式可推出

$$|D_t^j u(x)|^2 \leqslant \frac{1}{|t|} \int_0^{|t|} |\partial_j u(x_1, \cdots, x_{j-1}, x_j + se_j, x_{j+1}, \cdots, x_n)|^2 ds,$$

使得

$$\int_{\Omega'} |D_t^j u(x)|^2 dx \leqslant \frac{1}{|t|} \int_0^{|t|} \int_\Omega |\partial_j u|^2 dx ds = \int_\Omega |\partial_j u|^2 dx.$$

一般地, 我们取区域 $\Omega''$ 满足 $\Omega' \subset\subset \Omega'' \subset\subset \Omega$ 以及 $\{u_k\} \subset C^1(\Omega'') \cap W^{1,2}(\Omega'')$, 使得 $u_k \to u$ 于 $W^{1,2}(\Omega'')$. 由于

$$\int_{\Omega'} |D_t^j u_k|^2 \leqslant \int_{\Omega''} |\partial_j u_k|^2, \quad |t| < d(\Omega', \partial\Omega''),$$

故当 $k \to \infty$ 时成立

$$\int_{\Omega'} |D_t^j u|^2 \leqslant \int_{\Omega''} |\partial_j u|^2 \leqslant \int_{\Omega} |\partial_j u|^2.$$

再令 $\Omega'' \to \Omega$ 即可. $\hfill\square$

反过来, 我们有下面的结论.

**引理 2** 设 $u \in L^2(\Omega)$ 且存在常数 $C > 0$, 使得对任意 $\Omega' \subset\subset \Omega$ 以及 $|t| < d(\Omega', \partial\Omega)$ 总有

$$\|D_t^j u\|_{L^2(\Omega')} \leqslant C,$$

那么弱导数 $\partial_j u$ 存在且满足

$$\|\partial_j u\|_{L^2(\Omega)} \leqslant C.$$

**证明** 由 Banach-Alaoglu 定理可知, $\{D_t^j u\} \subset L^2(\Omega')$ 在 $t \to 0$ 时存在一个弱收敛子列. 利用对角线法则可以找到一列 $t_k \to 0$ 以及一个 $\zeta \in L^2(\Omega)$ 使得 $\|\zeta\|_{L^2(\Omega)} \leqslant C$ 且

$$\int_{\Omega} h \, D_{t_k}^j u \to \int_{\Omega} h \zeta, \quad \forall h \in C_0^\infty(\Omega).$$

若 $k \gg 1$, 则

$$\int_{\Omega} h \, D_{t_k}^j u = -\int_{\Omega} u \, D_{-t_k}^j h \to -\int_{\Omega} u \, \partial_j h \quad (k \to \infty).$$

于是

$$\int_{\Omega} h \zeta = -\int_{\Omega} u \, \partial_j h, \quad \forall h \in C_0^\infty(\Omega),$$

即 $\zeta = \partial_j u$. $\hfill\square$

**定理 3.2.3 的证明** 简记 $D_t$ 为任一个 $D_t^j$. 若 $h \in W^{1,2}(\Omega)$ 具有紧支集, 则有

$$\int_{\Omega} D_t(\nabla u) \cdot \nabla h = -\int_{\Omega} \nabla u \cdot \nabla(D_{-t} h)$$

$$= -\int_\Omega g\,D_{-t}\,h, \quad |t| \ll 1.$$

设 $\kappa \in C_0^\infty(\Omega)$ 满足 $0 \leqslant \kappa \leqslant 1$. 若取 $h = \kappa^2 D_t u$, 则有

$$\int_\Omega |\kappa D_t(\nabla u)|^2 = \int_\Omega \kappa^2 D_t(\nabla u) \cdot D_t(\nabla u)$$

$$= \int_\Omega D_t(\nabla u) \cdot (\nabla h - 2\kappa D_t u \nabla \kappa)$$

$$= -\int_\Omega g\,D_{-t}\,h - 2\int_\Omega \kappa\,D_t u\,D_t(\nabla u) \cdot \nabla \kappa$$

$$\leqslant \|g\|_{L^2}\,\|D_{-t}\,h\|_{L^2} + 2\|\kappa\,D_t(\nabla u)\|_{L^2}\,\|D_t u\,\nabla \kappa\|_{L^2}.$$

由 (1) 可知

$$\|D_{-t}\,h\|_{L^2} \leqslant \|\nabla h\|_{L^2} \leqslant \|\kappa\,D_t(\nabla u)\|_{L^2} + 2\|D_t u\,\nabla \kappa\|_{L^2},$$

因此我们可利用初等不等式

$$|\eta\,\zeta| \leqslant \text{小常数} \cdot |\eta|^2 + \text{大常数} \cdot |\zeta|^2,$$

以及引理 1 推出

$$\|\kappa D_t(\nabla u)\|_{L^2} \leqslant C\left(1 + \sup_\Omega |\nabla \kappa|\right) (\|u\|_{W^{1,2}} + \|g\|_{L^2}).$$

由于对每个开集 $\Omega' \subset\subset \Omega$ 总可取 $\kappa$, 使得 $\kappa|_{\Omega'} = 1$, 故由引理 2 可得 $u \in W^{2,2}_{\text{loc}}(\Omega)$. □

　　类似地, 我们可以证明二阶椭圆方程的内正则性.

## B. 定理 7.1.13 的证明

　　我们将给出定理 7.1.13 的证明. 首先来证明几个引理. 设 $\Omega$ 为 $\mathbb{C}^n$ 中的有界区域, $f$ 是 $\overline\Omega$ 上的实值连续函数. 定义

$$\Phi_{\Omega,f}(z) := \sup\left\{\varphi(z) : \varphi \in PSH(\Omega),\ \varphi \leqslant f\right\}, \quad z \in \Omega.$$

则有如下结论:

**引理 3** 若 $\Omega$ 是具有光滑边界的强拟凸域, 那么 $\Phi_{\Omega,f}$ 是连续函数.

**证明** 记 $\Phi_{\Omega,f}^*$ 为 $\Phi_{\Omega,f}$ 的上半连续化. 因为 $\Phi_{\Omega,f}^*$ 是多次调和的且满足 $\Phi_{\Omega,f}^* \leqslant f$, 所以 $\Phi_{\Omega,f} = \Phi_{\Omega,f}^*$. 于是只需证 $\Phi_{\Omega,f}$ 的下半连续性, 而这又可以从下面的等式推出

$$\Phi_{\Omega,f}(z) = \sup\left\{\varphi(z) : \varphi \in PSH(\Omega) \cap C(\Omega), \ \varphi \leqslant f\right\}.$$

为了证明这个等式, 我们固定任意一点 $z_0 \in \Omega$. 由 $\Phi_{\Omega,f}$ 的定义, 对任意 $\varepsilon > 0$, 存在多次调和函数 $\varphi$, 使得 $\varphi \leqslant f$ 且 $\varphi(z_0) > \Phi_{\Omega,f}(z_0) - \varepsilon$. 我们首先将 $f$ 延拓为 $\mathbb{C}^n$ 上的一个连续函数, 然后再取 $\widetilde{f} \in C_0^\infty(\mathbb{C}^n)$, 使得 $f - \varepsilon \leqslant \widetilde{f} \leqslant f - \varepsilon/2$ 在 $\overline{\Omega}$ 的一个邻域中成立. 设 $\rho$ 为 $\Omega$ 上的一个强多次调和定义函数. 取 $N \gg 1$, 使得 $\widetilde{f} + N\rho$ 在 $\overline{\Omega}$ 的某个邻域上强多次调和. 显然, 在 $\partial\Omega$ 的某个充分小邻域内成立 $\widetilde{f} + N\rho \geqslant \widetilde{f} - \varepsilon \geqslant \varphi - 2\varepsilon$, 使得函数

$$\widetilde{\varphi}(z) := \begin{cases} \widetilde{f}(z) + N\rho(z), & z \notin \Omega, \\ \max\left\{\widetilde{f}(z) + N\rho(z), \varphi(z) - 2\varepsilon\right\}, & z \in \Omega \end{cases}$$

在 $\overline{\Omega}$ 的某个邻域内多次调和且满足 $\widetilde{\varphi} \leqslant f - \varepsilon/2$ 于 $\overline{\Omega}$ 的一个邻域以及 $\widetilde{\varphi}(z_0) > \Phi_{\Omega,f}(z_0) - 3\varepsilon$.

设 $\chi$ 为 $\mathbb{R}$ 上的一个非负截断函数, 使得 $\chi|_{[1,\infty)} = 0$ 且 $\int_{\mathbb{C}^n} \chi(|z|) = 1$. 令 $\chi_\delta(z) := \chi(|z|/\delta)/\delta^{2n}$. 那么当 $\delta$ 充分小时, $\widetilde{\varphi}_\delta := \widetilde{\varphi} * \chi_\delta$ 是 $\overline{\Omega}$ 上的光滑多次调和函数. 由于 $\chi_\delta \geqslant 0$, 所以

$$\widetilde{\varphi}_\delta \leqslant f * \chi_\delta - \frac{\varepsilon}{2}.$$

若固定 $\varepsilon$ 并令 $\delta \to 0+$, 那么上式右边一致收敛于 $f - \varepsilon/2$ 于 $\overline{\Omega}$. 因此, 当 $\delta$ 充分小时, 有 $\widetilde{\varphi}_\delta \leqslant f$ 于 $\Omega$. 又因为 $\widetilde{\varphi}_\delta \geqslant \widetilde{\varphi}$, 则有 $\widetilde{\varphi}_\delta(z_0) \geqslant \Phi_{\Omega,f}(z_0) - 3\varepsilon$. $\qquad\square$

下一引理可看作定理 7.1.13 的一个特殊情况.

**引理 4** (El Mir) 设 $\Omega$ 是一个具有光滑边界的强拟凸域, $\varphi$ 是 $\Omega$ 上的负多次调和函数, 且 $E := \varphi^{-1}(-\infty)$ 是一个闭集. 则存在 $\psi \in PSH(\Omega) \cap C(\Omega\backslash E)$, 使得 $\psi^{-1}(-\infty) = E$.

**证明** 令

$$U_k := \{\varphi < -k\} \cap \{d(\cdot, E) < 1/k\}.$$

显然, $U_k$ 是 $\Omega$ 的开子集. 取 $\overline{\Omega}$ 上的一列连续函数 $\{f_k\}$, 使得

$$f_k|_{\overline{U}_{k+1}} = -1, \quad f_k|_{\overline{\Omega\backslash U_k}} = 0, \quad -1 \leqslant f_k \leqslant f_{k+1} \leqslant 0.$$

记 $\varphi_k := \Phi_{\Omega, f_k}$. 由于 $\max\{\varphi_k, -1\}$ 多次调和且满足 $\max\{\varphi_k, -1\} \leqslant f_k$ (特别地, $\varphi_k|_E \leqslant -1$), 因此我们有 $-1 \leqslant \varphi_k \leqslant 0$, 从而 $\varphi_k|_E = -1$. 此外, 由于 $\varphi/k \leqslant f_k$, 则有 $\varphi/k \leqslant \varphi_k \leqslant 0$. 于是级数 $\sum \varphi_{2^k}$ 在 $\Omega \backslash E$ 上内闭一致收敛, 而在 $E$ 上和为 $-\infty$. 由引理 3 可知 $\psi := \sum \varphi_{2^k} \in PSH(\Omega) \cap C(\Omega \backslash E)$ 且满足 $\psi^{-1}(-\infty) = E$. □

从局部过渡到整体过程中下面的凸增函数的构造技巧起了关键的作用.

**引理 5** (Coltoiu) 设 $f_k : (-\infty, 0) \to (-\infty, 0)$ $(k = 1, 2, \cdots)$ 是一列递增函数, 且对一切 $k$ 都满足 $\lim_{x\to-\infty} f_k(x) = -\infty$. 则存在凸增函数 $\tau : (-\infty, 0) \to (-\infty, 0)$, 使得

(1) $\lim_{x\to-\infty} \tau(x) = -\infty$;

(2) $|\tau \circ f_j - \tau \circ f_k| < 3, \forall j, k$.

**证明** 取一列正整数 $m_n \uparrow +\infty$, 使得数列 $a_n \downarrow -\infty$, 其中

$$a_{2n-1} = \max_{1\leqslant k\leqslant n} f_k(-m_n), \quad a_{2n} = \min_{1\leqslant k\leqslant n} f_k(-m_n).$$

定义 $(-\infty, 0)$ 上的分段线性函数如下:

$$\tau(x) := \begin{cases} -x/a_1, & a_1 \leqslant x \leqslant 0, \\ \sum_{k=1}^{n} a_k/a_{k+1} - n - x/a_{n+1}, & a_{n+1} \leqslant x \leqslant a_n. \end{cases}$$

不难验证 $\tau$ 为一个凸增函数. 对任意正整数 $l$, 我们有

$$\tau(a_{n+l}) - \tau(a_n) = \sum_{k=0}^{l-1} \frac{a_{n+k} - a_{n+k+1}}{a_{n+k+1}} \leqslant \frac{a_n - a_{n+1}}{a_{n+l}}.$$

于是对每个 $n$, 都可以找到一个充分大的 $l$, 使得 $\tau(a_{n+l}) - \tau(a_n) \leqslant -1/2$. 这表明 $\lim_{x \to -\infty} \tau(x) = -\infty$. 接下来对于任意 $j, k$ 取正整数 $n$, 使得 $n > \max\{j, k\}$. 如果 $x < -m_n$, 那么存在正整数 $l$ 满足 $l \geqslant n$ 且 $-m_{l+1} \leqslant x < -m_l$. 从而

$$|\tau \circ f_j(x) - \tau \circ f_k(x)| \leqslant \tau(a_{2l-1}) - \tau(a_{2l+2}) < 3. \qquad \square$$

**定理 7.1.13 的证明** 由于 $E$ 是一个闭多极集, 我们可以找到局部有限开覆盖 $\{U_\alpha''\}$, $\{U_\alpha'\}$ 以及 $\{U_\alpha\}$, 满足 $U_\alpha'' \subset\subset U_\alpha' \subset\subset U_\alpha$, 以及 $U_\alpha$ 上的多次调和函数 $\psi_\alpha$ 使得 $\psi_\alpha^{-1}(-\infty) = E \cap U_\alpha$. 由引理 4, 不妨假设 $\psi_\alpha$ 在 $U_\alpha \setminus E$ 上连续. 进一步我们可以假设 $\psi_\alpha \leqslant -1$.

若 $U_\alpha' \cap U_\beta' \neq \varnothing$, 则定义

$$\eta_{\alpha\beta}(t) = \sup \left\{ \psi_\alpha(z) : \psi_\beta(z) \leqslant t, \ z \in U_\alpha' \cap U_\beta' \right\}, \quad t \in (-\infty, 0).$$

不难验证 $\eta_{\alpha\beta}$ 连续而且函数族 $\{\eta_{\alpha\beta}\}$ 满足引理 5 的条件, 于是存在凸增函数 $\tau : (-\infty, 0) \to (-\infty, 0)$ 使得 $|\tau \circ \eta_{\alpha\beta} - \tau| < 3$. 由此可知在 $U_\alpha' \cap U_\beta'$ 上, $|\tau \circ \psi_\alpha - \tau \circ \psi_\beta| < 3$. 如果用 $\tau \circ \psi_\alpha$ 来替换 $\psi_\alpha$, 那么我们可以假设 $|\psi_\alpha - \psi_\beta| < 3$ 于 $U_\alpha' \cap U_\beta'$.

取 $\chi_\alpha \in C_0^\infty(U_\alpha')$, 使得 $0 \leqslant \chi_\alpha \leqslant 1$ 且 $\chi_\alpha = 1$ 于 $\overline{U_\alpha''}$ 的一个邻域. 再取 $\Omega$ 上的一个强多次调和穷竭函数 $\rho$, 使得 $\rho + \chi_\alpha$ 在 $\Omega$ 上强多次调和, $\forall \alpha$. 令

$$\widetilde{\psi}_\alpha := \psi_\alpha/3 + \chi_\alpha + \rho.$$

由于 $\widetilde{\psi}_\alpha \leqslant \widetilde{\psi}_\beta$ 于 $\partial U_\alpha' \cap \overline{U_\alpha''}$ 的一个邻域, 因此 $\phi := \max_\alpha \widetilde{\psi}_\alpha$ 定义了 $\Omega$ 上的一个多次调和函数, 使得 $\phi|_{\Omega \setminus E}$ 为一个连续的强多次调和函数, 且有 $\phi|_E = -\infty$. 由 Richberg 定理, 存在 $\Omega \setminus E$ 上的 $C^\infty$ 强多次调和函数 $\psi$, 使得 $\phi \leqslant \psi \leqslant \phi + 1$. 若补充定义 $\psi|_E = -\infty$, 则 $\psi \in PSH(\Omega)$. $\qquad \square$

# 索　引

# 《现代数学基础丛书》已出版书目

## (按出版时间排序)